成长力觉醒

探寻人生与职业幸福之路

| 夏勇军◎ 著 |

電子工業出版社
Publishing House of Electronics Industry
北京 • BEIJING

内容简介

本书从个人对自我、角色和成长三方面的探索和认知，帮助读者实现成长力的觉醒，探寻人生与职业的幸福之路。本书主要内容有五个部分：第一部分从社会加速和生活改善两个方面，分析追求人生和职业幸福所必要的成长力觉醒；第二部分结合心理学的一些基本概念，通过CPI测评帮助读者深入探索自己的内在特质；第三部分分析了不同岗位的角色要求，分享了探索自己岗位成功关键要素的方法，并引导思考自我的职业使命；第四部分论述了关于发展的基本理论和原则，并提供了一些方法的支持；最后增加了一篇关于孩子教育的文章以及CPI的39项特质的详细说明。

本书适合职场人士，尤其是各级管理者和企业家阅读，对从事人才工作的人力资源管理者、教练、顾问等具有一定的启发意义。

图书在版编目（CIP）数据

成长力觉醒：探寻人生与职业幸福之路 / 夏勇军著 . —北京：电子工业出版社，2021.6

ISBN 978-7-121-41366-7

Ⅰ. ①成…　Ⅱ. ①夏…　Ⅲ. ①发展心理学　Ⅳ. ① B844

中国版本图书馆 CIP 数据核字（2021）第 115559 号

责任编辑：雷洪勤　　文字编辑：王天一
印　　刷：涿州市京南印刷厂
装　　订：涿州市京南印刷厂
出版发行：电子工业出版社
　　　　　北京市海淀区万寿路 173 信箱　邮编：100036
开　　本：720×1000　1/16　印张：16　字数：256 千字
版　　次：2021 年 6 月第 1 版
印　　次：2024 年 5 月第 2 次印刷
定　　价：69.00 元

凡所购买电子工业出版社图书有缺损问题，请向购买书店调换。若书店售缺，请与本社发行部联系，联系及邮购电话：（010）88254888，88258888。

质量投诉请发邮件至zlts@phei.com.cn，盗版侵权举报请发邮件至dbqq@phei.com.cn。

本书咨询联系方式：wangtianyi@phei.com.cn。

序　一

······················ * ······················

1948年夏，辅仁大学心理学系的学生毕业了，只有3名学生，其中包括我的导师张厚粲先生。今年她刚刚度过94岁的生日，依然神采飞扬地站在教学的讲台上。

1982年夏，北京师范大学心理学系第一届学生毕业了，共33名学生。全国四个心理学系的学生不过100人。如今，除了少许的同学还在以各种方式工作着，绝大多数人都已功成名就，退居二线，过上了“幸福”的退休生活。

2021年夏，仅北京师范大学心理学部就有477名本科、硕士和博士研究生毕业。中国各大高校心理学系/院/部的毕业生数量目前还无从知晓。保守估计，至少10000人!

寥寥几个数字，勾勒出的不仅仅是心理学这个“天书”学科（张厚粲语）及其队伍的非线性发展与演化，更反映了中国当代社会对人自身心理与行为认知需求度的跃升。

过去的十来年，我们亲历了很多社会事件，如汶川大地震和新型冠状病毒肺炎疫情，看到了心理学在其中发挥的作用；我们也惋惜于越来越多由于心理问题而导致的家庭暴力、群体伤害和自杀等悲剧，看到了塑造国民健康心理的漫漫征程。社会对个体心理的关注越来越强，这其中最显著的表征就是“心理健康”和“心理科学”等词汇首次印在了国家最高级别的文件中。

改革开放以来，尤其是过去十几年，在各种资本的助推下，“互联网+”概念、新技术与新业态风起云涌，人工智能、大数据、云计算、区块链、“头部”公司争奇斗艳。高薪的诱惑、财富排行榜的不断刷新，“996”与“躺平”等，不断冲击着人们的眼球，左右着人们的行为选择，直击着每个人的心灵。面对前所未有的机遇、复杂而多变的世界，人们自觉或不自觉地开始思索和自问：

“我是谁？”

“我究竟想要什么？”

“我应该过什么样的一生？”

“我该如何成长？”

呈现在您面前的这本《成长力觉醒：探寻人生与职业幸福之路》是夏勇军先生对这些困惑所做的一种解答，也是他十余年来深耕于管理咨询与人才发展一线，基于心理学知识不断求索和个人成长的一种分享。

这本书的第一个关键词是“成长”。绝大多数人看到这个词时，自然地，马上会联想到的是天真无邪的孩子的成长，乃至所有生物体在生命周期初始阶段的变化。它似乎与成年人无关，更与老年人无关。“我都30（或者40、50）岁了，还需要考虑成长吗？”的确，就任何生物的存在和发展而言，这种狭义的界定没有什么不对。然而，当我们聚焦那些热爱自己的工作、无惧挑战并完成挑战的人群时，我们发现，“成长”，更广义地说是心理的成长，不受年龄、时间与空间的限制，成为激发人类自我更新的新动力。在这种意义上，成长可以定义为一个个体的自我更新，表现为一个人对已知的世界产生新的认知、新的情感和新的行动，拓宽已有的广度和深度，逼近完美和谐的心灵。这种例子不胜枚举，尤其是在我所研究的极端环境下的个体。我发现经历过极昼极夜考验的南极越冬队员，他们普遍发现自己克服困难的能力提高了，而且更加珍惜人之差异和兄弟之情，更有勇气直面问题和挑战，幸福感更强。

本书的第二个关键词是“觉醒”。这是普通心理学中的一个基本词汇，在这里我更愿意把它理解为人们开始将注意力从关注外在力量的变化与比较，转向对人自身内在需求与价值的追求与满足。在20世纪80年代，有人把心理学在人类社会发展不同阶段中的作用描述为“三品”，即奢侈品、调味品和必需品。的确，经过近四十年突飞猛进的发展，关注人的心理与差异、发挥人的潜力、实现人的价值，已经成为当今社会的“必需品”。这是一个人自我觉醒的时代，是人对自身再认识的时代，是人迎接自己的创造物和行为结果的新时代。

本书的第三个关键词是“个体差异”。世界上没有两个人是相同的，即使在生物学上基因完全相同并在同一环境下成长的同卵双生子，也会有显著的区别。个体差异的存在是这个世界表现丰富多彩的多样性基础，从认识人的差异入手，是我们赋予个体以意义的必由之路。从认识自我构成的各要素差异入手，是自我觉醒并不断成长的必要条件。

作为老师，我很高兴看到夏勇军先生践行“把心理学变成生产力”的信条，以十年磨一剑的精神将他探索的成果付梓示众，与你我共赏。

闫巩固

北京师范大学心理学部

序　二

过去20多年我经历过多个行业、多个业务领域的转型。2015年，我开始做私人董事会领教，累计辅导带教了50多位民营企业家，主要集中在5亿～100亿元规模的企业。我还长期深度辅导带教一些上市公司的董事长和上百位高管，如今已步入第六个年头。

在这些个人经历和带教经历中，我发现，每个企业在各种业务问题的背后，都是组织的问题；而组织问题的背后，是人才管理的问题；人才管理问题的背后，则是从上到下的领导力问题。

这些问题首先表现在，管理者对自己缺乏客观清晰的认识，从而无法客观管理自己。企业的高管们首先是普遍表现出"迷之自信"，仅凭职务高低、权力大小决定事情的对错。这其中有很多是因内心自卑、缺乏安全感引起的假自信，甚至自大自负、刚愎自用、不尊重专业、听不到真实的声音。其次是不能做到真正全面客观地了解他人，无法影响并管理他人的内心，只是领导意志的灌输与强压。我看过很多企业家和高层管理者的个性测评数据，用于做事的执行力与战略思维普遍是强项，但用于带人的影响力普遍是弱项。

很多民营企业家在这种既缺乏自我认知，又缺乏对他人了解的情况下，对组织和人才管理还处在“团伙”的阶段，这其中又存在以下三个突出现象。

第一，根据个人喜好招募人才

在对外招聘人才时，从老板开始的各级管理者，都是依据个人内心的喜好标准来评价人才，对公司、部门和岗位需要何种人才没有清晰的标准，人力资源部门基本起不到专业作用，只是落实领导安排的各种人事处理手续。

老板招人时可能就因候选人的某一句话、某一个行为、某一个资源或某一个知名企业背书，就马上录用并安排在高层管理岗位上。管理者加入公司后，不知道老板到底要干什么事情，企业也不知道未来想让他干什么事情。有的还张冠李戴、“乱点鸳鸯谱”，本来是想招来做人力资源的，录用后却安排去做供应链了。

这种混乱的人才招募工作，会导致进入公司的新人很难在岗位上做出成绩，其结果就出现两个现象：要么有能力的人受不了这种混乱的情况，来了又走了；要么没有能力的人凭着会讨好老板而留下来了。

第二，凭借个人印象管理人才

很多老板对企业内的人的管理，也都是基于印象的笼统评价，没有对个人能力和绩效的客观评估。比如，有一位老板特别喜欢他的其中一名高管，认为其能力很强，不断让其晋级。当该高管被派去独立管理新业务时，却亏损严重，后来通过专业测评和评估显示其执行力和其他很多项能力都很弱。老板认为的执行力是听话、速度快、强势、会骂人，但这些特点并不能把事情干成。

我看过很多企业的绩效考核，指标一大堆，但并没有聚焦驱动业绩的战略重点，考核内容缺乏量化的硬数据，与企业未来战略脱节，后台体系非常过程化、事务化，与一线经营成果脱节，偏管理过程、事务与控制，而缺乏服务经营创造价值结果。

到年底考核的时候，也不看绩效表现与目标的真实差距，靠老板印象、感觉排出ABCD。处于“团伙”阶段的老板，特别喜欢这种评估方式，年终奖也是根据个人印象、感觉在年末以私下“一对一”发红包的方式来给予，认为这样才能达到让下属听话和忠诚于老板个人。当企业规模扩大以后，老板自身的这些管人与用人的观念和行为就成为企业成长的障碍。

第三，通过加薪晋级奖励人才

很多民企管理者提拔下属的目的都是加薪或平衡。企业没有对人才进行过评估，相当于所有人不用培训、练习。

很多企业领导一大堆，其官衔都很大，但大部分都是不胜任的。这印证了“彼得原理”所描述的，雇员总是趋向于被晋升到其不称职的地位，最终企业里大量充斥着不完全胜任岗位的领导。在这种情况下，每层管理者只能“降维使用”：总经理做副总甚至总监的事情，总监做经理甚至员工的事情，经理基本上就是一个业务骨干。

这样的企业只有基于名片职务的人才梯队，而没有拉姆·查兰提出的基于胜任力基础上的真正“领导力梯队”。这种管理错误的现象，还会导致企业管理的“帕金森定律”：二流上司造就三流下属，一个人浮于事、互相扯皮、效率低下的领导体系就形成了。

所有这些问题，其实都只是一个表象。这些问题背后的根源，在于企业家和管理者的用人不当。为了帮助民企老板解决这些问题，近五年来，我花了很多时间去研究、思考如何去真正认识人才，如何打造高绩效的高管团队，如何打造领导梯队形成可持续成长的企业，并帮助企业一把手突破个人的领导力。

在此期间我应用过十几种测评管理工具，它们各有特点。一次偶然的机会我接触学习了夏勇军老师的“领导力觉醒”课程和CPI（Comprehensive Personality Inventory，全面个性测评）工具认证。然后我开始在辅导带教中应用，感觉简单实用，对企业的管理者很有价值。主要体现在以下几个方面：

- 一是全面地对人才进行评估，除了39个维度的分析，还可以两两组合，有很多变化，可以很细致地分析每个人的个性特质。
- 二是人岗匹配的基本思想，可以把测评结果和各种不同的岗位进行关联分析，看到不同行业、企业、团队和岗位对人才的差异化要求。
- 三是评估结果的量化，不仅可以用于发展人才和团队，还可以用于横向比较，辅助对人才的选拔和盘点。
- 四是在测评基础之上，帮助企业家和管理者深入了解自我，结合对岗位的分析找到自己的优势和差距，并引导他们思考管理的根本目的、发展的有效手段，促成个人行为由内而外地改变。

当今世界，危机四伏、动荡不定，商业格局充满变化。社会对企业的要求越来越高，企业对个人的要求也越来越高，在这样的环境下，那些能够不断审视自我与环境、持续学习和进步的人，才能迎接挑战，脱颖而出。

当然除了企业家和高管的问题，企业里的每个人也都同样面临着挑战，无论从事何种岗位，都需要不断地成长。而在这个过程中，个人是否清晰了解自己的特点、优势和不足，是否能够审时度势、了解企业和岗位对自己的要求并有清晰的方向，是否能够采取行之有效的行动并实现真正的能力素质提升，这三方面的问题影响了个人的成长力水平，决定了个人可以成长的速度和高度。

《成长力觉醒》是一本自我探索的引导书，它尊重每个人的独特性，期望每个人都能获得职业的幸福。虽然这一主题是人文的，但书中使用了大量的推理，介绍了一些非常专业的心理学概念，乍看似乎与个人发展没有关系，但读完之后才会更加清晰地认识自己，更加了解自己的发展方向。

希望每位读者都能获得觉醒自我的成长力！

…………………… * ……………………

王泉庚，领教工坊领教，时朗企业发展（上海）有限公司董事长，多家港股和A股大型上市公司首席战略与组织导师，美特斯邦威原董事总裁，好孩子（中国）商贸集团原执行董事。

前　言

55岁的李建国，在一家国企从事生产车间的设备管理工作，他在这家企业已经工作了近30年。但车间设备升级周期越来越短，他对很多设备的掌握越来越困难。现在车间主要靠年轻技术人员主导，他自己想学也学不会，只期望平稳地干到退休。

45岁的张兰芳，在一家民营的制造企业任人力资源总监，随着行业竞争的加剧，老板不断对组织人效提出更高要求，人力资源部门被期望更好地促进企业业务的发展。老板经常嫌她工作进度慢，而直接给下面的同事安排工作。张兰芳感觉自己的工作越来越没有价值，有强烈的中年危机感。

35岁的陈静，是一家外企做渠道管理的经理，她工作的关键一直是做好经销商的政策。但最近竞争对手为了抢占渠道，设置了更有吸引力的支持政策，原有的经销商纷纷提出更高要求，否则就威胁要“叛逃”去做竞品。即便现在她每个月出差20天，跟区域的经销商反复沟通，但总感觉“巧妇难为无米之炊”，经销商是“不见兔子不撒鹰”。陈静感觉自己的工作已经无法继续干下去了。

25岁的何子涵，从名校毕业后进入了一家咨询公司，发现自己在学校里学的知识几乎无法直接使用。有的前辈跟他讲要加强客户意识，不断增强人际沟通能力；也有的前辈跟他讲要严谨细致，追求完美，表现出专业顾问的职业风范；还有的前辈跟他讲要学好英语和办公软件，这是职业发展的基础……面对这些公说公有理、婆说婆有理的教导，何子涵不知道该采信哪些，刚入职场就陷入了职业成长的迷茫。

如果我们的时代有一个主题词，这个词语一定是“改变”。社会的发展，科技的进步，生活的提升，都在不断地重塑我们所处的环境。在这样不断改变的环境中，无论多优越的资历，多显赫的职位，多丰厚的收入，每一个职场人所面临的困惑，就像前面列举的四个例子，本质上都需要发展自我以适应环境改变的挑战。

关于发展自我，有很多的著述：有提升项目管理能力的，有改善沟通影响技巧的，有教人怎么做企业管理的，还有传授问题分析方法的。这些书都很好，但它们大部分都在教人“怎么做”，帮助人们获得能力，而不是获得成长。**实际上有的人虽然一直在学习，并且掌握了很多知识技能，但从未获得成长。他们有学习力，但并没有成长力。**

很遗憾，55岁的李建国没有持续学习新的技术，终将被“后浪”超越。45岁的张兰芳虽然学习了很多人力资源方面的知识，但很明显她的成长没有跟上组织的期望；35岁的陈静面临环境的变化，思维模式却依旧停留在过去；25岁的何子涵学习能力很强，但这对走出职业成长的迷茫同样没有帮助。

遗憾的是，过去十几年在与数千名职场人员的面对面谈话和对他们进行的评估中，我发现绝大多数人，并没有随着时间的流逝而成长。总结他们未能成长的原因，主要有三个方面：

➤ **一是几乎不了解自己的心理特点**。不知道自己要什么，有哪些独特的优势，有哪些致命的短板，自己的行为背后有什么样的行为习惯和思维模式。其结果就是对自己懵懵懂懂，不知所求，也不知所往。

- **二是很少思考工作的价值要求**。领导要求做什么就关注什么，或者只做自己喜欢的，回避自己讨厌的，导致在工作岗位上最多只能胜任，无法做到优秀，更遑论表现卓越。
- **三是对如何成长知之甚少**。他们所理解的学习成长无外乎“看书+听课”，并且经常以“激动”开始，以“不动”结尾，就算是持之以恒地补足了自己的短板，却发现自己并无卓尔不群之处，终究归于平庸。

总结起来，这三种因素的缺失，导致个人成长力的缺失。成长力是获取能力的能力，它不仅包含一个人如何学习成长的基本认识，更包含了对自我和环境的理解和洞察。成长力是对自己内在特点和优势的清晰认识，是对环境和角色的深刻理解，是对有效成长发展的原理方法的深入掌握。

一、成长力包括对自己内在特点和优势的清晰认识

人不是毫无感情的工具，并非老板要求我们成为什么样的人，我们就放弃自己的个性和喜好，变成老板所期望的样子。有很多优秀的人才，虽然他们有相似之处，但绝非是一个模子刻出来的复制品。我们的成长需要以人为鉴，而不是去刻意地模仿他人，但模仿他人是大多数人在成长初期都经历过的学习方式。随着个人的进一步发展，每个人都应该基于自己的独特性，发现自己独特的内在优势和需要。如果像邯郸学步一样，一味地模仿他人，而不顾自己独特的内在优势和短板，最终不仅无法得到成长，反而会扭曲自我。

我们不可能将自己复制成为马云、任正非，或者杰克·韦尔奇这样的领导者，甚至不可能将自己复制成为任何一个普通人，而只能成为我们自己。“成为自己”的重点，不是任性妄为地想做什么就做什么，想怎么做就怎么做，而是根据自己的独特优势和环境的要求，不断发展和提升自己。但当前的实际情况是，很多人无法基于对自我的准确认识，来清晰定位自己的发展方向，选择了根本不适合自己的错误跑道。**就好比一只青蛙立志要学自由泳，它有令人钦佩的勇气，但很明显这种志向不会有任何结果，因为它选择了与自己的优势特点完全不符的方向。**提升成长力的第一个关键，就在于真正了解自己内在的思维模式、行为习惯、内在诉求，实际上我们并不如自己所认为的那样了解自己。

二、成长力包括对环境和角色的深刻理解

世界上没有完全相同的两个人，也不会有两个完全相同的岗位，更不会有两个完全一样的职业生涯、人生境遇。身处不同行业、地域、组织和岗位，工作的内容和性质有天壤之别，因此把工作做好的核心要求差异也很大。做好研究设计的工作，与做好客户服务的工作对人的要求不同；在市场化企业里带领一个业务团队，与在事业单位带领一个工作小组的要求也不同。

别人对你的提问，通常值得深思；但他们给你的答案，往往并不正确。如果有人告诉你，优秀的销售是这样的，优秀的领导是那样的，这只是他的个人经验总结，对你并不一定适用。世界上没有放之四海而皆准的统一标准，即使是我们奉为圭臬的数学理论，也可能只是在我们这个宇宙有效。**一个人是否能够扮演好自己的角色，不仅体现在对他人做出的承诺上，还体现在自己内在意义感获得的源泉上。**提升成长力的第二个关键，就在于洞察自己所处的独特环境，以及所（期望）承担的独

特角色要求。

三、成长力包括对有效成长发展的原理方法的深入掌握

人们即便清晰地认识了自己，也深刻地理解了环境和角色的要求，但也并不一定就能得到成长。有的人一谈到成长，马上就开始寻找并弥补自己的不足，最后拆东墙补西墙，什么都学但什么都不强。有的人会以自我为中心来考虑问题，认为全世界都围着自己转，做事只满足自己的需求，而忽略了环境和角色的要求。还有的人天天看书，学了很多知识，但并没有转化为真正的能力，因而无助于个人成长。

一个充分了解内在自己和外在环境的人，还需要掌握有效的原理和方法，才能兼容自我的需要和外在的需求。无论是人生抉择还是职业发展，选择和努力都很重要。错误选择之上正确的努力，和正确选择之上错误的努力，都只能事倍功半。如何选择和如何努力，就需要掌握有效成长的关键逻辑、原则和方法，这是提升成长力的第三个关键。

在跟随李常仓①一起创建禾思咨询时，我们对工作的主要定位是帮助企业做人才的盘点和选拔。但是看到越来越多的人对自我的发展陷入迷茫和无效努力的境地时，我们逐步将我们在人才测评领域的经验引入人才的发展当中，期望能够帮助更多人更加清晰地认识自己，更加有效地发展自己。基于禾思咨询自主研发的CPI测评，我们开发了一套“觉醒”系列课程，用以达成这样的期望。

不管是面向管理者和企业家的“领导力觉醒”，还是面向销售人才的“销售力觉醒”，或者面向基层员工的“职业觉醒”，所有系列课程主要包括三个部分：一是通过解读测评报告，帮助学员充分了解自我的内在个

① 李常仓，《人才盘点》一书的作者，禾思咨询创始人。

性特质；二是分析探寻自己的使命，以及个人职业目标和工作岗位的角色要求；三是掌握管理和发展自我的核心原则，以便更好地追求职业成功和职业幸福。这三个部分的目的在于最终促成职场人对自我的觉醒、对职业的觉醒和对成长的觉醒。

我们在培训过程中总感觉时间有限，有很多原理、概念、方法无法全部讲透，讲课者和听课者都觉得意犹未尽，遂决定把这门课程的关键内容用完整的逻辑展现出来，帮助更多的人达成上述三个目标，实现成长力的觉醒。**每个人都有自己独特的特点和需求，都有自己所要扮演的角色，都需要不断发展自我，因此本书适合每个期望成长，以及期望帮助他人成长的读者。**书中的基本理论和方法，对于销售、研发、人力资源、行政后勤、教师、公务员、公益人士等不同职业都同样适用。

基于这样的目的，本书按照如下结构来组织：

- 第一部分论述我们当前所面临的挑战，从社会加速和生活改善两个方面，分析追求人生幸福所必需的成长力觉醒。
- 第二部分结合心理学的一些基本概念，以及 CPI 测评，帮助读者对人的心理特点形成全面认识，并从 39 个方面充分探索自己的独特个性。
- 第三部分分析了不同组织和岗位对人的要求，了解不同职业成功的关键，并引导思考自我的人生使命这一终极目标。
- 第四部分是篇幅最大的部分，详细分析了关于发展的基本理论和逻辑，并提供了一些方法的支持。

每个理论观点，都会受到作者个人经历和思考的影响。我本科在电子科技大学学习生物技术，后来在北京师范大学学习心理学（心理测量），因此非常倾向于以理性和逻辑的思维方式来论述成长这一主题，这使本书中有大量抽象的概念、理论及相应的论证。建议读者准备好专注的心态和深入的思考，一起来探究个人成长的本质。

浩瀚无垠的宇宙深不可知，但比宇宙更加深邃的是人心。因为人心是深邃的，所以我无法拍着胸脯保证本书的理论是完备的。但也同样是因为人的复杂性，所以探索自己和他人才有意义。受限于作者个人人生经历和思考深度，本书肯定有很多不足和争议之处，也必然会有很多尚不能被本书理论原则所解释和指导的实践情况，恳请对此课题感兴趣的读者不吝赐教，欢迎通过关注我们的官方公众号，随时反馈和交流你的想法。

夏勇军

致　谢

书是人的产物，而人是环境和经历的产物。本书是我对过去近二十年学识和见闻的思考和总结，也是来自先前学者和周围他人的馈赠。

首先要感谢电子科技大学生命学院和北京师范大学心理学部的老师，尤其是我的本科班主任邓科君，及研究生导师闫巩固，是他们带领我拓展了知识的边缘，并塑造了科学的思维方式。

感谢这些年选择相信我和我的团队的各个组织及合作伙伴，尤其是书中提到的这些组织以及就职于其中的人才工作者和领导者，这里就不一一提及，是你们给予我实践理论的土壤和检验假设的机会。

还要感谢与我并肩作战的伙伴，包括所有禾思咨询的同事，特别是我的师兄兼事业伙伴李常仓，还有外部的专业合作机构和伙伴。基于紧密的合作与相互的支持，我们才能为更多组织和个体带来更专业的价值。

在本书成书过程中，周戌乾、王泉庚、李梅、姜宁禹、刘清青、黄振琼、陈丽烨、张婷等专业人士都给予了非常专业的建议，在此非常感谢；还要感谢电子工业出版社的王天一编辑促成了本书的付梓。

最后要感谢这个伟大的时代，让我们每个人都有实现持续成长的可能。

目　录

PART 1

第一部分｜成长的挑战

PART 2
第二部分｜认识你自己

PART 3
第三部分｜角色的分析

PART 4
第四部分 | 成长的方法

PART 1

第一部分

*

成长的挑战

我们所有人面临的职业困惑和挑战，都是具体时代下的抉择。当今社会发展的两大基本趋势，是这些困惑产生的根源。趋势之一，是社会加速带来的竞争加剧；趋势之二，是生活改善带来的以人为本。这两种趋势的对立冲突和相互融合，势必对人们如何看待自己、如何规划职业、如何获取个人成长力提升及最终的职业幸福，界定了方向和原则。想要实现自我的觉醒和发展，首先必须了解我们所处的宏观环境及其趋势。

第一部分包括3个章节，论述的主要内容包括：

第1章：通过对一些行业的分析，探讨社会加速发展带来的竞争加剧，了解社会及各行业正在发生的剧烈变化，以及这种变化对人的要求。

第2章：分析随着人们生活水平的改善，导致社会文化和工作理念的变化，这种以人为本的思想，带来了对人性假设的不断演进。

第3章：基于上述两方面的分析，探讨解决这两方面冲突的根本方法，即如何帮助个人同时又兼顾职业的快乐和意义，实现职业的幸福。

第1章 社会加速发展导致竞争加剧

如果地上散落着很多钻石，你弯腰先捡哪一颗？

人人都知道，先捡最大的一颗。

然后再俯身下去捡哪一颗呢？

当然是剩下当中最大的一颗。

……

如果你也会“捡钻石”，应该就能理解，为什么随着社会的不断发展，工作总是越来越难干，钱也越来越难赚。这个现象广泛存在于各个领域，无论是科学研究，还是个人成长或商业竞争。**后人想要超越前人取得新的成就，在与他人的竞争中获得胜利，需要解决的问题难度必然要增加。**

在科学研究领域，最古老的科学研究，叫“博物学”，也是对大自然的各种要素进行观察、描述、分类的研究。这种研究广泛存在于天文学、生物学、气象学、动物学、物理学等各个领域。虽然博物学的研究奠定了后续其他更进一步研究的基础，但对事物进行观察、描述和分类，总是比提出理论来解释这些现象要简单。

例如《神农本草经》根据毒性强弱对365种药物进行了分类：“上药

一百二十种为君，主养命以应天，无毒，久服不伤人。”“中药一百二十种为臣，主养性以应人，无毒有毒，斟酌其宜。”“下药一百二十五种为佐使，主治病以应地，多毒，不可久服。”

受限于人类肉眼视力（因为我们无法看到太小和太远的东西，如细菌和星系），博物学的研究存续了两千多年。然后在这些丰富观察的基础之上，对这些现象进行解释的各种理论和假设才被提出来，比如达尔文的生物进化论、牛顿三大运动定律、开普勒行星运动三大定律等。**相比较于观察和分类，解释事物背后的原因的确要困难许多。因为从思维本身的难度差异上来讲，因果推理的思维要高于分类思考。**

与这些科学家同时代的学者，如果还满足于做一个博物学者，很明显无助于推动科学继续进步，当然也就搞不出什么名堂。推动工作继续进步的那些后继者，不仅理解过去是为什么，更能预测未来会怎么样。比如爱因斯坦的广义相对论，预测了空间弯曲对光线的弯曲，并在1919年出现日食现象时被两个研究小组分别证实。使用理论来预测未来（并且能够被证实），比解释过去更困难一些（因此“马后炮”的言论通常没有太大价值）。

预测未来之后就是改变未来：原子弹的爆炸、靶向治疗技术的发展，都是在掌握相关理论的基础上创造或改变条件，使事物按照预期发生变化。**从描述到解释，从预测到控制，科学的发展在不断地增加难度。**当今各个科学领域，不管是分子生物学、量子物理学，或者别的什么学科，想要取得一点像样的成绩，其难度越来越大，需要投入的时间、精力、资源也越来越多。牛顿的物理学研究只需要“一个苹果”，而欧洲物理学家使用的大型强子对撞机则花费了近百亿美元。

打一个比方，如果现在全部人类所掌握的智慧是一个直径100米的大饼，那么一名博士研究发表的那几篇文章所蕴含的新知识，只是撒在大饼边缘的一粒芝麻。我们感觉科学总是日新月异，是因为在各个学科领域，有更多人力和物力的投入，加上不同社会、机构、个体之间的相互竞争，使得科学研究和应用的进展比以往任何时候都要快。

科学技术的进步，在不断推动商业竞争的加剧。虽然我们不都是科学家，但是所有人所面临的挑战是一致的。

1.1 各行业面临的挑战

科学技术的加速进步，推动了社会变迁的加速；而社会变迁则加快了我们的生活步调；生活步调的加快，又会反过来要求科学技术的进步以提供更多的便利[①]。比如高铁技术的快速发展，使得200～800公里内的货物和人员的交流变得更加高效便捷。这可以让很多人早上出发去往另一个城市处理完事情且当天即可返回，而这在以前需要好几天才能完成。但人们不会满足于此，他们期望更快，并愿意为此支付更高的车票费，而这又促使相关机构继续投入研发更快的交通技术。

科学技术、社会变迁和生活步调三者的循环还在不断持续，但无论是科学技术的进步、社会变迁的加速，还是生活步调的加快，最终都会反映到对每个人的要求上，因为人是组成这个社会的最小实体。在大量不同行业的不同组织中，社会变迁导致的竞争加剧随处可见，因此几乎没有人可以逃脱这种环境变化带来的挑战。这些组织应对竞争加剧所采取的方式各不相同，但总体来讲，工作越来越难做。本节我们通过对一些行业和组织发展演变的分析，帮助读者更清晰地看到这种变化，以及

① ［德］哈德穆特·罗萨. 新异化的诞生——社会加速批判理论大纲. 郑作彧译. 上海：上海人民出版社，2018.

这种变化对身处其中的个体的要求。

1.1.1 汽车行业

中国汽车行业起步较晚，在改革开放前，只有政府机关、企业单位才能拥有汽车。后来到20世纪80年代初，个人可以购买轿车，但要先经过政府审批，一直到1993年，财政部才取消购买轿车的控购审批。然后到2001年，“十五”计划写上了“鼓励轿车进入家庭”。

与禾思咨询保持长期合作的长安汽车，是中国四大汽车集团阵营企业之一。长安汽车老员工分享的发生在这个时期的一些事情，让没有亲历过这个阶段的我们感到匪夷所思。当时的经销商去厂里进货，有的会拿着锤子，看到车就疯狂砸！然后告诉工作人员，说：“你看这车也砸坏了，就卖给我吧。”经销商把砸烂的车拉回去自己修好，把修理费算进去，再加上一大笔差价，很容易卖给手里握着钞票渴望买到汽车的客户。如果能在这样一家公司做销售那该有多好，但是这样的好事再也不会有了。

另一家与我们长期合作的大众汽车（VGIC）的做法，可以让我们看到现在的汽车销售工作有多难。作为德国大众在中国地区唯一授权的大众品牌进口汽车总经销商，VGIC在全国有一百多家汽车授权销售服务4S店。这些4S店在销售汽车时，已经很难依靠简单的加价来赚取利润。这些4S店要为客户提供从新车到二手车，从保养到维修，从精装到上牌，从保险到按揭的全方位服务，甚至还要组织车友交流平台，开展自驾游等活动，才能让客户感到满意，并赚到适当的利润。

同样，作为主机厂的VGIC，也需要为经销商提供店面装修、流程建设、运营管理等一系列支持。甚至在与我们的合作过程中，VGIC还要主导帮助经销商选拔认证合格的4S店管理团队，因为只有选好了人，才能经营好这越来越复杂的业务。不管是主机厂，还是经销商，工作的确是越来越难干。

1.1.2 快消行业

汽车行业的变化，也同样发生在快消行业。由于快消行业的进入门槛相对较低，导致竞争更加激烈，因此快消行业是众多行业中最早发生变化的。这种变化可以简单地总结为从Sell In（卖到中间商仓库里的囤货）到Sell Out（被最终消费者消费掉的数量）的转变。

在过去的短缺经济（Shortage Economy）时代，卖方在市场上享有极大的话语权。厂商只要把产品生产出来，设置一定的价格策略和激励政策，就可以把商品卖给中间商（包括各种形式的经销商、代理商、零售商），快速收回资金，实现销量增长。在这个过程中，因为市场上的竞品和替代品相对较少，中间商不用担心产品卖不掉，所以双方虽然都在不断地围绕政策进行博弈，但最终结果还是"双赢"。

随着市场竞争越来越充分，更多相同的、相似的、可替代的优质产品被竞争对手推向市场，客户的选择更多，中间商首先感受到压力：产品不如过去那么好卖了。绝大多数中间商在面临这样的问题时，第一想法是降低价格、增加赠品，以促进销售，因此他们会简单、直接地要求更多的政策资源。

面对中间商这样的要求，厂商有两条路可选：要么拒绝，要么答应。但哪条路都不好走，如果不答应中间商的诉求，常常会导致中间商"叛逃"，或减少对合作的重视和投入；如果总是答应中间商的要求，又会导致自身的利润减少，无法实现可持续的优质发展。

经营管理能力一般的厂商在面临这种情况时，会简单地选择这两条路中的一条。选择前一条路即拒绝的，会忽视市场竞争状况，压缩经销商利润，这样会导致经销商逐渐流失，市场份额逐渐减少，最后不得不退出市场竞争，要么关门大吉，要么转型做代工工厂不直接参与竞争，获取微薄的利润。

选择后一条路即答应的，经营利润会越来越少，因此不得不压缩成本，降低产品品质，以获得一个最低限度的利润。这样长此以往，经销商的要求越来越高，产品价格越来越低，最后厂商发现做生意的收益还不如理财，于是要么关门大吉，要么整合一些其他相同情况的组织通过薄利多销来谋求生存。

那些谋求长远发展且希望获取高额回报的优秀竞争者，会想方设法跳出价格竞争这个圈套，不在厂商和中间商之间分配有限的利润，而是从市场和客户那里获取更多的价值。跳出价格竞争圈套最常见的做法，是对内提升产品价值，对外强化品牌和渠道建设。其中渠道建设不仅仅是给足政策支持，更是深入中间商的日常经营中，帮助中间商提升业务经营的能力和效率。以泸州老窖为例，泸州老窖作为国内高端白酒之一，面临来自茅台、五粮液等高端白酒品牌的竞争。在高端白酒市场快速增长的时候，大家跑马圈地，很容易就能取得业绩的增长。但随着行业更加规范化、市场化，消费者也更加理性，以前的生意模式不再畅行无阻。

在这种外部环境的转变下，想要在各地市场取得好的业绩，就要求各个区域的销售人员不能只是酒量好、擅长和中间商搞好关系，更需要主动为中间商制定业务规划，组织促销活动，甚至培养中间商的人才队伍，帮助中间商开发并维护消费者，以便更好地把产品卖给最终消费者。在这一过程中，把握市场特点以制定业务策略，赢得中间商信任且与之建立良好关系，凝聚团队发展人才，面临失败、挫折时依然能保持事业激情，这些都是对销售人员的新要求和新挑战。

在这样的营销环境下，如果厂商不愿意，或者没有能力帮助中间商提升经营能力，那么中间商就只会诉诸价格竞争，迫使厂商不得不陷入上述的两难选择。当前快消行业的普遍现象，不管是啤酒、食用油，还是日化用品或电子产品，越来越多的消费品厂商（如嘉士伯、中粮福临门、妮维雅、vivo 等），都在政策支持之外，不遗余力地强化对中间商的专业指导，对这些专业指导的要求显然是越来越高的。

1.1.3 家居行业

类似的变化同样体现在家居行业中，家居行业不把自己定义为“家具行业”，本身已经表明了这个行业发展变化的趋势。在过去的家具零售中，依靠家具的设计、用料、做工、品牌和价格优势，往往能成功地赢得客户和市场。但随着人们对美好生活的追求，只依靠产品本身的优势，已经很难再获取客户的青睐。

市场上有大量的家具生产工厂，他们能够生产制造物美价廉的家具产品。要想在这个领域脱颖而出，产品本身的优势，只能作为一个基础的条件。以美克美家为例，最初靠艺术和品质的优势，该公司获取了大量海外订单。但随着国内消费市场的升级，美克美家把自己定位于“家居整体解决方案先行者，致力于向中国消费者提供世界级、多元化的生活方式”。该公司的做法，也正是未来家居行业的典型代表。

美克美家的设计顾问会“依据客户的生活习惯、爱好、家庭状况提供功能划分、色彩搭配、风格搭配、装饰建议等专业的设计服务”。这种服务从客户的角度看，能够更加贴近日常家居生活的需求，满足客户家人的习惯、爱好，并且“一站式”地解决了所有的问题。

另外一家高端家居品牌——我乐家居，从一开始就立足家居的整体解决方案，通过高端整体厨柜切入市场，再延伸到全屋定制家具产品，满足客户厨房、客厅、餐厅、书房、卧室等全部家具需求。这其中的挑战远比设计、生产一把椅子卖给客户更大：需要全面地考虑客户多样化的生活习惯、品位和需求，高效率、低成本、柔性地生产出客户需要的定制化产品，并持续帮助客户解决产品使用中可能出现的问题。

从厂家的角度看，市场客户的数量是一定的，如果客户不在你这里购买完所有需要的产品，就必然会从竞争对手那里补足所需。如果能通过一体化的设计服务，打包销售给客户其所需的所有家具，就能够提升客单价。**在客户数量一定的情况下，提升客单价是增加收入的唯一方法。而从消费者的角度看，能够“一站式”实现全部需求，能省时省心省钱，当然也是最好不过的。**

要实现上述企业和消费者两者的价值，除了持续的资金资源投入（我乐家居每年都会在研发上投入数千万元，并且还在持续增长），最后成功的关键还是落在了对人的要求上。身在其中的员工需要更新其能力结构，才能应对这些要求：需要具备更强的换位思考、系统设计的能力，能站在客户的角度考虑问题，与客户建立良好的关系，为其提供专业的家居解决方案。这样的要求，显然要比过去只卖一把椅子的要求更高。

1.1.4 其他行业

大道相通，当前中国其他行业正在发生的事情也都大同小异。下面简单地分析一些行业的情况，进一步证明发生这种变化的普遍性，以看到我们所处经济环境的竞争的加剧。

通信行业。通信行业过去以信息安全，及时、准确地送达为收费标准，无论是古老的马跑人送，还是当代的电话短信。在过去数十年中，电信运营商赚钱的方式很简单：投资建网络宽带，卖卡收话费、流量费、短信费、宽带费。各家公司的网络建成后，提供的产品和服务几乎是完全同样的。为了保持竞争优势，一些领先的通信企业（如重庆移动），已经在B2B的政企市场、智能化服务、渠道经营、内容建设方面增加投入，满足更多客户的更加个性化和差异化的需求。这种转变对人的要求也越来越高，等着用户排队来交钱的好日子也一去不复返了。

电子元器件行业。为通信行业提供ICT（信息与通信）解决方案的供应商，以及为这些公司提供电子元器件的公司，同样在不断升级自身的产品和服务。以电子元器件行业为例，这个行业的大部分公司（如立讯精密、共进电子等），一开始只是提供一种或几种元器件，然后随着业务的发展，必然就从单一元器件，向某一类功能的解决方案转变。在它们的自我介绍中，“一站式”“一体化”“解决方案”“系统方案”是最常见的词语。这种变化是大势所趋，如果不能成功地实现转型，就必然会被能够提供更好解决方案的公司挤出市场。

工程建设行业。工程建设行业是一个很大的领域，包括勘测、规划、设计、承包、专项工程施工及其他相关服务。其中，提供专业咨询服务的机构（如苏交科集团、上海建筑科学研究院等），目前正处在向“全过程工程咨询服务”的转型之中。在转型之前，多数咨询机构只提供某一方面的服务，如咨询、监理、检验等。而新的转型，则要求这些机构从单一业务向复合业务发展，为客户提供建设工程全生命周期的策划咨询、可行性研究、工程设计、造价咨询、招标代理、工程监理、施工管理、竣工验收及运营保修等专业服务。而这无疑对原有的工作模式和能力水平提出了新的挑战和要求。

油气销售行业。一般人去加油站只是为了加油，但现在众多油气销售公司（如江苏石油）并不希望客户这么想。随着油气供给的增多，以及信息传递速度的加快，油气产品的同质化和价格的透明化越来越明显。因此想要获取更多的回报，油气销售公司一方面在不断拓展直销和分销业务，以增加客户基数；另一方面在其加油站开设便利店，利用现有客流提升客户非油品消费。中国的“三桶油”，都在其加油站开设了便利店，包括中石化的“易捷”、中石油的“昆仑好客”，还有中海油的“海星”。只有在加油过程中提供车主可能需要的燃油添加剂、矿泉水、纸巾等非油产品，加油站的收入才能够得到持续提升。

教育行业。在过去物资短缺年代，能够让孩子吃饱穿暖健康成长的父母，就已经是非常称职的。后来条件改善了，人们都能吃饱穿暖，那些能够让孩子更好地学习科学文化知识，且能让他们接受更好教育的父母会得到更多的认可。因此，过去一段时间，我们社会所重视的教育，主要是知识技能的教育，这些教育是人们生活和发展的刚需，因为知识技能的学习可以带来更好的教育和就业的机会。所以，当前具有一定规模的教育机构，都是围绕K12（基础教育）、外语培训与升学考研服务的。但是，现在年青一代的父母，关心的还有孩子的心理是否健康，有没有机会锻炼自己的领导力等更加软性的问题，所以教育行业也正在面临两个方面的变化：一方面是提供更加整合的解决方案，如出国留学的全套服务，而不仅仅只是外语培训；另一方面是关注孩子更加深层次的品格修养、个性塑造、价值观陶冶，而不仅仅只是学知识。这种转变对教育机构及其提供专业服务的顾问和讲师的要求，变得更加广泛和深入。

物业管理行业。我们大部分人对物业管理行业的印象，应该都是低端的、劳动密集的、赚钱困难的。但实际上物业管理业务是当前众多房地产开发商下一步发展的重点，因为物业管理可以帮助他们继续从购房居住者那里赚取收入。而已经发展良好的物业公司，除了提供基本的保洁、安保、维修等服务外，还在拓展诸如会议服务（写字楼物业）、家庭清洁（小区物业）、商品销售等更加综合的解决方案（如新大正、绿城服务等）。

1.2 需求的升级

上述列举的行业变化，只是这个社会变革的零散缩影。当前，在政府引导下的供给侧改革，各行各业的创新创造及使之成为可能的科学技术研究，表面看起来是对落后产业的调整和淘汰，本质上则是为了更好地满足未来人们生活方式的需求。

从上述不同行业的分析中，可以看到人们需求的满足，归纳起来有三种方式，这三种方式是从低到高的三种递进：功能的满足、品质的追求和方案的整合。

1.2.1 功能的满足

第一阶段的需求，迫切需要解决的是有无的问题。比如满足人们的出行需求，自行车比走路快，汽车比自行车快，所以只要能造出自行车或者汽车，以市场能够承受的最高价格销售给客户，就能让企业快速发展，获取成功。

功能的满足是从无到有的第一步。对于大部分人来讲，在饥饿的时候，吃饱比吃好更重要；在寒冷的时候，穿得温暖比穿得漂亮更重要。

人类永不知足，如果条件允许，人们总是会想要更好的。人们对功能的需要得到满足后，就会想要更好的品质和体验。“功能的满足”就会升级到“品质的追求”。

1.2.2 品质的追求

第二阶段的需求，解决的是从有到优的问题。比如在众多自行车品牌中，总有做得相对好的：骑起来更省力、使用年限更长，或者看起来更漂亮，这些具有品质优势的品牌会得到更多顾客的青睐，即便价格贵一点，人们也愿意为了享受这种高品质而支付高价钱。

品质的追求是从有到优的第二步。人们在吃饱后就会自然地追求食物口感，在穿暖后就会期望衣服更加好看。在这个阶段，提供更高品质、更好体验的产品和服务的企业，就更能够获得客户的认同。当前国内大部分优秀企业，不管是以生产冰箱闻名的海尔还是“掌握核心科技”的格力，或者是追求性价比的小米，都是这一轮竞争的获胜者。

“人们购买的不是直径为5毫米的钻头，而是直径为5毫米的钻孔。”随着优质产品和服务供给的增多，人们会越来越意识到，自己需要的东西不是工具和手段，而是最终需求的满足。因此市场的需求展现出了两种新的趋势，即聚焦客户的真实需求，一是更加多样化，二是强调完整性。

1.2.3　方案的整合

一方面，**人的多样性，决定了消费者需求的多样性。当生产力不足时，人们只能通过相同的产品和服务来满足自己不同的需求。**但随着生产力的发展，消费者一些独特的需求便会得到重视和满足。比如人们对自行车的需求，有的侧重于健康，有的侧重于省力，还有的侧重于便携，因此各种山地自行车、公路自行车、折叠自行车被开发出来，以满足人们各种各样的需求。

另一方面，随着社会分工的深入，人们很难同时兼顾太多自己专业范围之外的事情。因此产品和服务的提供者，被期望能够解决客户在某些方面的全部问题，直接满足需求，而不只是卖单一的产品和服务。在上一节的论述中，我们看到目前大部分企业转型的方向，都是向着“系统的解决方案”方向发展的：建筑设计咨询行业的全过程服务、金融行业的交叉销售、汽车行业的打包服务、家居行业的生活解决方案、电子元器件的模组解决方案等。这些方案有两个关键点：一是客户多样化的、关联性的需求，能够通过企业的解决方案得到全面的满足；二是企业通过提供解决方案，更加紧密地黏住了客户，增加了客户订单，并且排除了其他竞争对手抢夺客户的可能性。

多样化和完整性的需求，因为都基于对客户内在真正需求的满足，我们将它们统称为“方案的整合”。方案的整合是第三个阶段中企业竞争的重点，也是目前众多企业业务升级的核心。

人类的欲壑总是难填的，一个需求的满足往往会催生更多新需求的产生。对这些需求的满足推动了科技的进步和社会的发展：从脚力到马车、从马车到自行车、从自行车到汽车，再到飞机、高铁。而每一种新的技术，总是从功能的满足，再到品质的追求，最后通过整合的方案，在技术和资源的限制下，尽可能大地满足人们的需求。

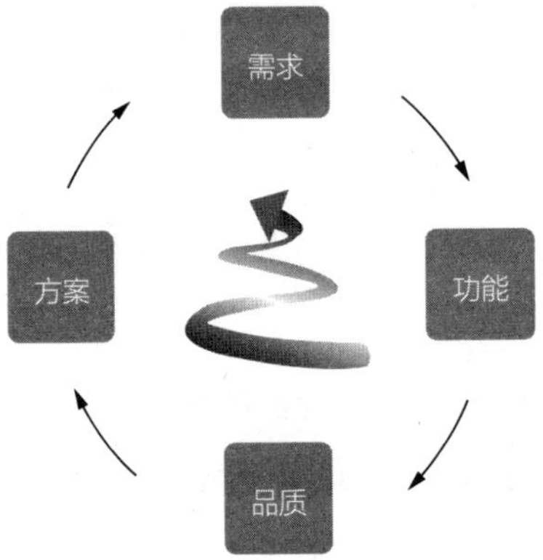

这三种需求满足方式的递进，促使社会的生产组织方式也在不断变化，变化的趋势，就是从以生产者为中心到以消费者为中心的改变。在功能满足阶段，生产单位完全以自我为中心，以产品为中心，通过提升效率，降低成本，为尽可能多的客户提供产品和服务，赚取足够利润。在品质追求阶段，生产单位开始考虑市场的需求，关注客户的体验，尽可能在组织内部协调资源让客户的需求得到更好的满足。而到方案整合阶段，客户才是一切生产活动的中心，虽然现在还处于这种转变的初期，但已经可见组织边界正在逐渐打破：

银行业和保险业、地产行业和家居行业，众多厂商和经销商，铁路部门和航空企业之间的关系远比过去更为亲密。

人们需要的不是衣服，而是温暖、舒适和漂亮；人们购买的不是汽车，而是便捷、面子和安全。人们需求的不断升级，其实是更加接近真正的需求本身。在这种需求的不断升级中，作为需求的提出者和满足者，每个工作者都会面临新的挑战。分析并认识这些挑战，是每个职场人在主动成长过程中必须思考的问题。

1.3 作为工作者的挑战

需求的产生，与技术发明、产品创新、方案整合在不断螺旋式上升中相互促进。**而身处其中的每个人，既是需求的提出者，也是需求的满足者。**我们在享受他人提供的更好的产品和服务的同时，也要做得比其他人更好，来满足他人更高的需求。由俭入奢易，由奢入俭难，你不会降低要求，别人也不会，这是历史发展的必然趋势，没有人可以逃脱。

这种趋势促使各行各业为了生存和发展，不得不持续地挑战自己，不断地对自己提出更高的要求：更快、更广、更深、更多、更省……之所以越来越多的组织转到向管理要效益，对员工提出更高的要求，是因为其他所有容易被挖掘的“钻石”，早都被企业家和管理者挖完了：资金、土地、信息、政策、关系都已不再是区分性的因素。只有人的价值，是各种生产因素中最难以挖掘的价值，也是最后可以区分竞争成败的关键要素。

作为社会的基本元素，社会的进步由人享受，也由人承担。从原始的采集狩猎时代进入农耕文明，再进入工商文明，甚至未来步入信息智能时代，社会的每一次进步，给了人们更多自由，也带来了更多的束缚，给了人们更多的享受，也带来了更多的负担。

在原始部族社会，人们依靠采集和狩猎而活，虽然可能饥一顿饱一顿，甚至丧身虎口，但每天只工作三四个小时，有大量时间用来休息娱乐、陪伴家人。

在农耕文明阶段，人们从土地里讨生活，虽然世代被拴在土地上不得迁徙，但家族聚居相守终老，不至于只身他乡倍感孤独，并且除了少数有钱人用得上油灯，晚上可以稍微加个班，大部分人日出而作日落而息，休息时间还是有保障的。

到了工商文明阶段，人们的物质生活得到了更大的满足，但却需要天天加班加点地拼命赚钱。“996”（早9点到晚9点一周工作6天）、“007”（每天24小时一周7天全部待在公司）等工作节奏随处可见，尤其在北京、上海等大城市里，很难说会比农耕文明时期的农民更轻松，或比原始社会的狩猎者更幸福，但我们并不愿意回到过去做一个农民或者猎手。

等到进入信息和智能时代，我们的境遇可能会变得更好或更糟。据说，当前社会70%的职业会被人工智能所取代。也许未来人们担心的不是工作太多，而是根本没有自己可以胜任的工作。一种乐观的看法是，会有其他新的工作机会被创造出来，只是这些工作会更加注重创新创意和个人感受。

在社会演变过程中，人们的努力变得更加重要，人们也的确需要更加努力。在早先的数千年历史中，子承父业是常见的职业安排。有一句谚语叫“龙生龙，凤生凤，老鼠的儿子会打洞”，即表明了这种职业的代际传承。

个人后天获得的能力越有价值，越能带来社会地位的提升和生活质量的改善，人们就越愿意为此付出努力：“头悬梁、锥刺股”就是之后人们为提升其能力而采取的行动。而随着人们能力的普遍提高，想要变得更加优秀就要付出更多的努力。

随着科技的发展进步，这种意识理念表现得更为明显：从幼儿园一直读到博士毕业，依然学不完个人履行工作职责所需的各种知识技能。“终生学习”“学习型组织”“成长型思维”等理论，都是在强调人们应当努力追求能力的发展，以适应外部环境不断提出的高要求。

这里并非为了贩卖焦虑，虽然前面的分析的确会让一些人对未来感到恐慌，但我们不能忽视这些客观存在的变化。社会的发展，让每一代人都会比上一代更加艰难。我们时常听到父母忆苦思甜，告诉我们当时是如何吃不饱穿不暖，现在的生活是多么美好，现在的年轻人是多么不知珍惜。但是年青一代整体所面临的社会竞争压力，也是上一代人无法体会的。

要迎接新的挑战，我们需要更强的沟通协调能力，而不是像以前只需把事情说清楚；我们需要更强的创新和引领变化的能力，而不是一直做着重复的事情直到退休；我们还需要更加注重客户的需求和体验，而不是只去关心产品的质量和成本；我们还需要有识别和发展人才的能力，而不是用强权和命令来使他人服从……这样的能力要求变化不计其数。

社会加速发展带来的竞争加剧，只会迫使人们不断提高对工作水平的要求，进而对个人能力提出更高期望。历史转动的车轮无法阻挡，如果我们不做得更好，就会有其他人做得更好，大家相互竞争和比较的结果，就是谁都不会比以前更容易。每片身处洪流之中的树叶，都不可能选择逆流而上。但我们应该不满足于做一片随波逐流的树叶，我们需要在这种竞争激烈的条件下，为我们的一生找到值得为之奋斗的目标和信念，漂流得更加出彩。

当然，事情总有两面性，社会的发展不只带来了激烈的竞争和更高的要求。随着技术进步和社会发展，生活在当今时代的个人，有条件也有机会去满足生存需要之外的更高要求。人们从子承父业，到另起炉灶；再从长期服务于一家组织，到频繁跳槽；甚至到目前正在兴起的自由顾问、斜杠青年（拥有多重职业和身份的多元生活的人群，因为在自我介绍中会用斜杠来区分，如夏某，产品经理/顾问/作者/，所以叫斜杠青年），每个人都可以实现自我价值。

第 2 章

生活改善带来以人为本

第 1 章所展示的社会发展加速导致的竞争加剧，是社会发展不可回避的一大趋势。但任何事物都有其两面性，社会发展不仅让人们的工作越来越有挑战性，同时也给人们创造了实现美好生活的更多可能性，并且这些可能性中的一部分，已经变成了现实。

2.1　生活的改善

整个人类历史，有三大宿敌常伴左右：饥饿、瘟疫和战争。[①]过去无数人终其一生所追求的温饱、健康和长寿，在当今社会已变成现实。阅读本书的大部分读者，可能都没有经历过吃不饱、穿不暖的情况。可能只有少数“70 后”“80 后”小时候吃得差一些，穿得破一些，但几乎很少有挨饿受冻的；而“90 后”“00 后”则几乎都是衣食优渥的。

“仓廪实而知礼节，衣食足而知荣辱。”在食不果腹、衣不遮体的时代，礼节和荣辱都无法满足人们的生存需要，每个人都会为了生存做各

① ［以］尤瓦尔·赫拉利. 未来简史. 北京：中信出版社，2017.

种可能的努力和尝试。尊严、兴趣、爱好、理想、舒适、成就……总有一些内在的东西要拿出来做交换，换取果腹的食物、保暖的衣物和遮风挡雨的住所。

在这种时代，农民担心失去土地，工人担心失去工作，他们甚至愿意以性命相搏来保留自己生存的依靠，更何况只是放弃一些不能当饭吃的内心诉求。这种放弃内心诉求的做法很难令人愉悦，但为了生存也只有放弃。所幸随着中国经济的发展，虽然步伐有大有小，有人先富有人后富，但人们的生活总体来讲都在逐渐改善。

中国社会过去的数十年中，人们的收入在不断增加。以最近几年居民收入数据为例：从2013年到2020年，居民人均可支配收入增加了76%。而这段时间居民消费价格指数只增加了15.1%[①]。人们赚钱的速度，超过了物价上涨的速度，也就是说人们的收入可以购买更多的东西，生活水平在不断提升。

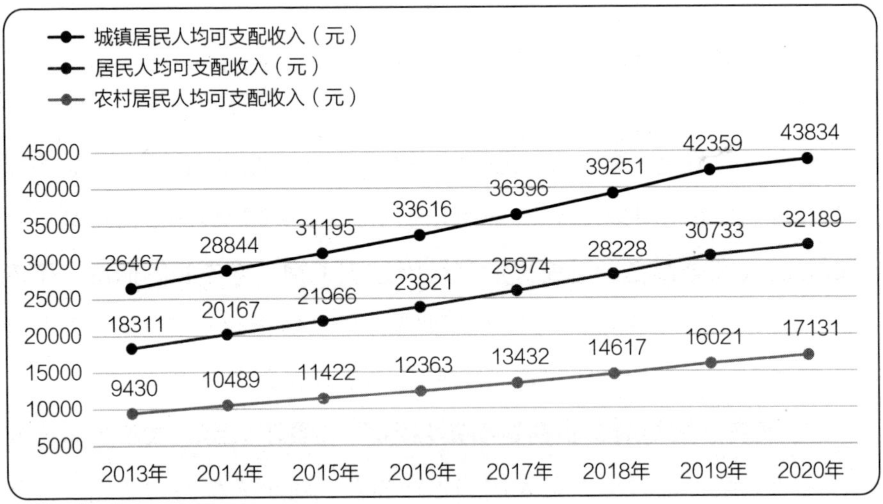

① 数据来源：国家统计局网站。

随着社会的进步，生存变得越来越容易：随便做点什么都能挣到足够温饱的衣食。人们还发现自己可以有更多选择：就算离开一家组织，也可以凭借自己的本事找到其他工作机会；不喜欢某种职业，也可以通过学习转到其他可能的职业；如果受够了某个老板，也可以给自己换一个新老板。那种一辈子只服务于一家组织的人，正逐渐地变成稀缺的物种。

这种生活的改善，带给我们满足自己的尊严、兴趣、爱好、理想、舒适和成就等内在诉求的机会。越来越多的人不再为了保护自己的工作而为上级逆来顺受，也不再为那些让自己受到伤害的行为忍气吞声。人们不再停留于满足口腹之欲，而是有了更多精神层面的追求。

2.2 人文主义

人们的物质需求得到了满足，自然会有精神层面的追求。这种追求首先体现在个性的解放上：人不再是一个工具或者一个数字，而是可以自由追求内心渴望和梦想的逐梦者。人文主义鼓励人们去寻找人生的意义，实现人生的价值。这种意义和价值是由自己来赋予的，而不是听从家族、家庭或者其他人的安排。这种把人当成根本的思想，是对个体内在体验和需求的独特性的满足，就如同心理学家卡尔·罗杰斯所说“最个人化的东西就是最普遍的东西”。只有当人们有了充分的生存保障，才有机会选择实现自己的独特意义和价值。而作为生存保障的工作，一直以来都夹杂着人们的复杂感受。

对绝大多数人来讲，工作让人又爱又恨。爱它的原因有两个：一是真的喜欢它；另一个是利用工作带来的收入可以去做自己喜欢的事。而恨它的原因只有一个，它约束了自己的时间，无法给自己带来愉悦。尤其是当这种约束是迫于生存压力而不得不为之时，这种恨又无法放下。但生活的改善，让越来越多的年轻人有了底气来抵抗这种对自我的约束。

在与很多管理者的交流中，总是回避不了一个问题，那就是“90后”“00后”员工的特点和管理难题。几乎所有的“60后”“70后”管理者都会讲，“现在，‘90后’‘00后’的工作状态跟我们当时的工作状态不一样！”下面列举一些他们介绍的案例，看看年青一代的工作状态到底是什么样的。

❶“今年秋季新入职的一名姑娘，因为提交的报告中有很多错别字，我对她说‘这样的工作成果你也拿得出来，你不觉得很不专业么？’就这么一句话，那个姑娘在办公室哭了一个中午，下午就交了辞职信，第二天就直接不来上班了！”

❷“我这个下属很多时候真是让人哭笑不得，安排给他的每个任务，都需要跟他辩论半天，如果不把问题背后的一些事情说清楚，他就一直刨根问底，没完没了，无论你说点什么，他都要质疑你的正确性。搞得安排工作像汇报工作一样！”

❸“公司年轻员工离职率一直都很高，我们招聘的一些海归和国内名牌大学毕业的学生，做一年左右就会流失一半。离职谈话普遍认为工作没有意思，天天都做一样的事情，觉得自己得不到成长。”

❹“昨天面试了一个‘90后’候选人，我都还没有开始提问，她就问我每周加班时间有多长，周末会不会加班，然后说如果经常加班的话她就不考虑了，因为她不想因为工作而减少跟家人相处的时间。”

类似这样的案例在我们周围时有发生，很多人把这样的现状归结为“90后”和“00后”自身的问题。有很多研究“90后”“00后”的人，总结了他们的一些特点，如“以自我为中心的”“个性张扬的”“自尊心强的”“缺乏感恩心态的”“社交能力差的”……基于以下两个原因，我并不赞同这些贴标签的说法。这些说法只是片面和表面地让我们以为掌握了问题的根本原因，但是事实并非如此。

第一个原因是，**无论时代如何变迁，人性不会有太大变化。**我们每个人的喜怒哀乐，与五千年前的祖先相比并不会有太大的区别。例如，你出门捡到五百元钱的兴奋，和你的祖辈出门捡到一吊铜钱的兴奋是差不多的。如果“60后”“70后”具有“90后”“00后”那样的物质条件，并且没有生活的压力和负担，很有可能也会放飞自我。

第二个原因是，**任何给一个人群贴标签的行为，都是识人的偏见。**不可否认，的确有一些年轻人是“缺乏感恩心态的”“以自我为中心的”，但有很多“60后”“70后”也同样如此，更何况还有很多年轻人是“富有感恩心态的”“不以自我为中心的”。为了简化认知而对一个人群贴上标签只是思维的懒惰而已。在我周围的同事和客户中，就有很多家庭非常富有，但对工作同样甚至更加认真负责的年轻人，从他们身上完全看不到人们常说的那些标签。

年轻人对个人感受的重视所导致的多样化需求的展示，并不是新的事物，而只是外在约束减少之后天性的释放。由于遗传因素和成长环境的不同，人们内心深处的喜好和追求本来就各有不同，只是在过去，这种多样化的需求被生存的欲望压制了，不能得到释放。而到了现在，更多的人可以不用担心基本的生活问题，会毫无顾忌地追求自己想要的东西，因此多样性就被展示出来了。

一旦人们对多样化的追求有了基础的物质保障，他们就不会再臣服于某一个权威的标准。在社会变化缓慢时，“当一个人碰到问题时，他必然能从前辈那里找到解决问题的有效办法。”[①]在过去，权威、家族、父母等由于有更多可借鉴的经验，就成为权威标准的制定者，他们负责指示年轻人如何行动。而在当前和未来，这些权威的制定者必然会备感失落，因为**社会的变化已经超出了过往经验可预测的范围，年轻人不再遵守这些标准，也不再重视那些被强加的东西。**面对这样的不服从，掌握资源和权力者会很自然地认为是年轻人出了问题。

在“60后”“70后”看来，年轻人变了，年轻人出问题了，其实出问题的不是年轻人，而是年老的一代。不适应的也不是年轻员工，而是他们的管理者。想要跟上时代的变化，无论是一名员工，还是一名管理者，都需要转换自己对人性的假设，更新看待人的视角。有位知名企业的高层管理者说过一句很有意思的话，“猫不在的时候，老鼠一般都在桌子上跳舞”。这句话把管理者比喻为猫，把员工比喻为老鼠，并且认为老鼠总是不老实的，需要时刻有猫看管。你觉得这句话对吗？如果用这样的理念来管理年轻人，结果会是怎样呢？

2.3　人性理论的变化

人们会如何看待自己的工作？不同管理者因为个性的不同，对此会有不同的看法。有的认为人厌恶工作，有的认为人需要工作。但是在特定的时代背景下，由于生产力发展水平、人们生活质量、人们素质能力的不同，会有更加有效的、主流的人性假设。

① 费孝通. 乡土中国. 上海：上海人民出版社，1948.

有学者[①]总结了不同时代背景下，管理者管理行为背后的人性假设，大概分为三种类型。对这三种人性假设及其变化的理解，有助于我们更好地看待个人成长发展所处的人文环境。

2.3.1 X理论

在工业革命之后的很长一段时间，大部分企业和管理者对人性的假设，以及所采取的管理举措的基本前提，是“人性本恶”。多数企业的管理者会认为：员工都是懒惰的，天生不喜欢工作，他们会拈轻怕重，避免承担责任，不求上进，没有内在驱动力，如果有条件最好可以不工作；管理者一不留神，员工就会偷懒，或者损坏、盗窃企业的资产；员工也对企业漠不关心，如果没有惩罚或者奖励，员工肯定不会主动去做对企业有利的事情。

基于这样的假设，企业和管理者对待员工的管理方式，以施加压力为主。企业会制定一系列规章制度，告诉员工迟到、早退、工作不达标、损坏设备等行为的负面影响。也会有一些奖励举措，引导员工做出合乎企业和上级期望的事情。

在人被当作机器的时代，工人们很难从工作中体验到开心和愉悦，工作只是赚钱养家的痛苦交换。我们现在所享有的5天8小时工作制，也正是源自这种对工作的排斥，才争取来的劳动者的权利。再加上工厂管理者也不用考虑激发工人创新的动力，只需要工人按照精英所制定的标准无条件执行，所以X理论成了这个阶段大部分管理者采取有效管理行动背后的人性假设。

人们会排斥令人痛苦的差事，但是如果工作能够避免令人疲惫的体

① 道斯·麦格里格和威廉·大内

力劳动，除去对个人时间和个性的束缚，并能带来乐趣和成就感时，工作将不再是义务，而是每个人的权力。与之相对的是，对人性的假设也需要做出调整。

2.3.2　Y理论

随着机械化和智能化的发展，知识型工作者逐渐增多，持有X理论的管理弊病逐渐显现。**基于X理论的管理，只能管得住人们的行为，却管不住人们的心。**而在知识经济时代，企业成功与否，对员工内在的能力素质和参与热情依赖更高，所以Y理论开始流行起来。

Y理论不同意X理论的“人性本恶”的假设，认为“人性本善”：人们对待工作的态度并没有那么抗拒，甚至有很多人会很享受工作。人们对企业有归属感，期望能同企业一起成长，就算没有人监督，也会努力把工作做好，愿意承担自己应负的责任。

当人们不再是流水线上的一台机器时，工作便有可能释放人们的天性，变成一种内在的需要，一种实现自我的途径。人们对待工作的态度会变得更加积极，不工作反而会变成一种煎熬。

基于对人性的正面期望，Y理论的管理方式，以积极引导为主。这些管理者会授予员工更大的权力，以奖励而不是惩罚来激发员工的积极性，给予员工适当的空间，取消上下班打卡而实施弹性工作制，鼓励员工自主承担更大的责任，发挥更大的作用。

2.3.3　Z理论

后来威廉·大内在X理论和Y理论的基础上，提出了Z理论。Z理论更加强调人和人之间的关系，认为管理中的文化特性，包括信任、关心、亲密等是员工核心的诉求内容，也是管理中应当被强化的部分。

持有Z理论假设的企业和管理者，会让员工参与决策和管理，享受充分的自主权，关心员工的福利，与员工建立情感的联系，重视员工的培养，让员工能在工作中发挥自己的优势，开开心心地工作。

从X理论到Y理论、Z理论的变化，本身就是在社会不断发展的过程中，管理者不得不重新审视自身和员工关系的变化。生活改善带来的人文主义，正在成为一种广泛的社会共识。虽然X理论在一些特定的场景下依然还有用武之地，但更多时候，秉持Y理论和Z理论的企业和管理者，更能吸引年轻人。

我们无须成为管理学研究者，但对于这些理论的了解，可以更好地审视我们所处的环境，看到社会发展不仅是对人们提出更高的要求，更让个人有机会得到更多解放：对自我价值的追求、发挥自己特长和优势的渴望、赢得尊重和有尊严的生活，让人们对待工作的态度不再是将就。人们不再像过去那么容易被指使：不合理的要求会拒绝，与自己特长不相符的工作会放弃，让自己感到不舒服的行为会抗拒。生活改善带来的以人为本，正在重新塑造我们选择和履行工作职责的方式。

社会加速发展导致的竞争加剧，以及生活改善带来的以人为本，是我们每个人都不可脱离的两大环境变化趋势。每个人要追求的职业幸福，以及实现职业幸福所必需的成长力觉醒，答案都存在于这两个趋势之中，只有恰当地处理好这两者的关系，觉醒和幸福才有可能发生。

第 3 章

追求职业幸福

成长力觉醒的最终目标，不局限于更有效地获取更多能力，而旨在帮助个人追求职业的幸福。人不同于动物，活着并非只是为了追求生存和繁衍，而是不断追求并体验各种人生的幸福。 ***对幸福的追求是所有人终其一生的渴望，也许有的人会感激自己过去的一些不幸经历，使自己对生活有了不同的体验，促使了自我成长，但绝不会有人期望自己度过不幸的一生。*** *越是美好的东西越是难得，幸福绝对是最美好却又最难得的东西。*

3.1 幸福的两难

哈佛大学的心理学教授泰勒·本·沙哈尔（Tal Ben-Shahar）[①] 给幸福下了一个简明的定义：幸福就是快乐+意义——快乐是体验当前的喜悦情绪，而意义则是对未来长期收获的努力。

人们总是倾向于把意义和快乐对立起来，认为有意义的事情通常是不快乐的，而快乐的事情通常也没有什么意义。比如很多人觉得学习和

① ［以色列］泰勒·本-沙哈尔. 幸福的方法. 北京：当代中国出版社，2007.

工作虽然有意义，但却很痛苦；打游戏和逛街买东西让人很开心，却没有什么意义。在追求人生幸福的过程中，人们难免在两者之间做两难的选择：要么选择放弃个人感受，忍辱负重，奔波忙碌，追求事业的成功；要么选择超凡脱俗，放弃事业追求，沉浸在自己的乐趣中，追求快乐的生活。

在竞争不太剧烈、个人诉求被压制的过去，快乐和意义还能够二选一：一些人会强迫自己干一行爱一行，他们会努力克制自己的喜好，竭尽全力地应对一些不太具有挑战的困难，把工作做得比别人更好，虽然工作不开心，但至少可以获得一些意义感。还有一些人会忽视工作的要求，按照自己的喜好来做事，虽然工作表现一般，但也会被相对低的工作标准所容忍，工作虽未见成效，但也能获得一些短暂的快乐。

在竞争加剧、生活改善的环境下，快乐和意义两者更加“形影不离”，要么都得到，要么都得不到。

一方面，竞争的加剧，会要求人们更加出色地完成工作。面对越来越有挑战的工作任务，如果没有充足的激情和才能，很难把工作做好，无法取得优秀的表现，不能获得工作带来的意义感。

另一方面，生活的改善，人们没有了生死攸关的生存压力，对内心体验的要求更高，如果长期要求做自己不喜欢、不擅长的事情，则会导致内心产生非常负面的情绪体验，感受不到快乐，这样的工作状态既不健康，也不长久，更称不上幸福。

社会加速发展导致的竞争加剧，以及生活改善带来的以人为本，这两种趋势之间的冲突，决定了我们当前所面临的各种严峻的职场挑战。这些挑战包括选专业、求职、换工作、职业倦怠、中年危机等。如果无法妥善处理这两者的关系，就无法兼顾快乐和意义，也无法体验到工作带来的幸福感。

3.2 快乐和意义兼得

在追求体验享受快乐和克服困难获取意义的两难中，如果只是一味注重自我感受，而不顾对意义的追求，就会陷入享乐主义的空虚；如果只是要求自己迎合社会加速发展提出的要求，而不顾自我感受，也会陷入疲于应付的忙碌。

在多数人的思想里，鱼和熊掌不可兼得：如果想要享受生活，就必然无法获得成功；如果想要追求成功，就必然是不快乐的。想要获取幸福，就需要跳出条件的限制，思考同时兼顾快乐体验和意义感受的方法，寻找那些既令人感到开心又觉得有意义的事情。

什么事情会令你感到开心？不同的人，回答也大相径庭：有的人在赚很多钱时最开心，有的人在个人能力得到提升时最开心，有的人在跟朋友相聚时最开心，有的人帮助他人时最开心，有的人想出一个新创意时最开心……什么事情会令你感到难受？不同的人，回答也截然不同：有的人在受委屈时最难受，有的人在被他人约束时最难受，有的人在拒绝他人时最难受，有的人在工作不按计划推动时最难受，有的人在别人不听自己的意见时最难受……

快乐感的产生是由于内在的需求得到了满足，是做自己喜欢做的事情，会受到内在的不同特点和需求的影响，是由内而外的。

那什么样的事情最有意义？追求未来的满足与享受，依然只是快乐而不是意义，最多只是一种延迟的满足。因此努力读书，将来为官一任没有意义，造福一方才有意义；冥思苦想，著书立说没有意义，启迪智慧才有意义；研桑心计，家财万贯也没有意义，用之有方才有意义……

我们都不是生活在孤岛上的鲁滨孙，活着就是全部的意义，如果没有人因你的存在而受益，你做的事情就没有任何意义。

意义感的产生是由于满足了社会上他人的需求，是做自己应该做的事情，主要会受到社会文化和需求的影响，是由外而内的。

快乐和意义是相互对立的两端：快乐是获取的，意义是付出的；快乐是满足自己的，意义是满足他人的；快乐是自己开心，意义是让别人开心。想要获取幸福，就需要把快乐和意义融合到一起。这件事虽然很困难，但值得为之努力。

兼得快乐和意义的幸福方案有了方向，那么每个追寻职业幸福的人，就必须要回答三个问题。对这三个问题的深入理解，就是个人成长力觉醒的三个核心基石：

- 我的快乐源自哪里？
- 什么是有意义的事情？
- 如何具体地兼顾两者？

当代哲学家冯友兰说，人的精神境界可以分为四个等级，分别是自然境界、功利境界、道德境界和天地境界[①]。自然境界的人，做事顺从自己的本能，就像原始人或婴儿一样，很少思考事情的意义。功利境界的人，做事以对自己有利为出发点，以利害得失来权衡事情的意义。道德境界的人，做事会“正其义不谋其利”，为他人和社会整体考虑，采取符合严格的道德意义的道德行为。天地境界的人，了解到社会整体之上，还有更大的宇宙整体，他了解自己所做事情的意义，自觉他正在做他所做的事。

① 冯友兰. 中国哲学简史. 北京：北京大学出版社，2012.

天地境界的人做的也是平常人做的事，但因为有了高度的觉解，对自己和自己正在做的事情有充分的觉察，其意义就完全不同。追求职业幸福的过程，关键也在于对上述三个问题的觉醒，包括对自我的觉醒（我的快乐源自哪里），对角色的觉醒（什么是有意义的事情），以及对如何发展自我的觉醒（如何兼顾快乐和意义）。这三种觉醒构成了一个人的成长力觉醒，也是本书要阐述的主要内容，期望读者从中获得能真正成长的法门。

3.3 成长力觉醒

如果我们不能意识到并管理好自己无意识的思维模式和行为习惯，那么可能事情在开始的时候，结果就已经注定。**我们的个性决定了我们的行动，给我们带来种种意想不到的结果，到最后我们会说这就是自己的命运，但实际上这都是自己给自己带上的枷锁。**

作为一名职场人，要摆脱这种命运的枷锁，获得工作的幸福感，就需要不断地根据环境和角色的要求，结合自己本身的期望和特点，追求能力的持续成长，以满足外在角色和内在特点的共同需要。要达成这样的目标，个体需要客观、准确和清晰地认清楚三个对象，包括对自我的认识，对角色的认识及对成长的认识。

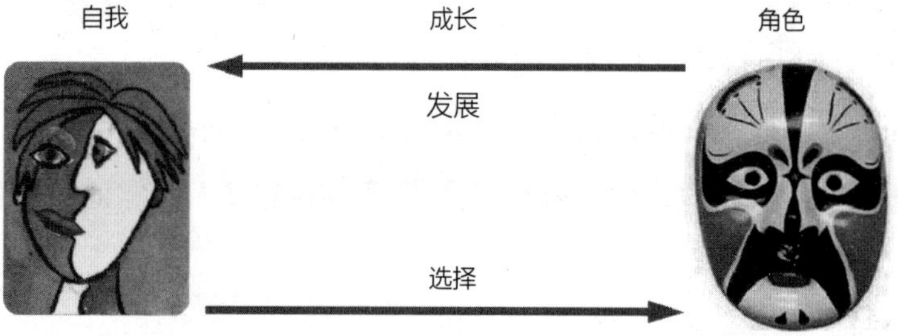

3.3.1 对自我的认识

认识自己是人一生永恒的主题！一个人只有认识了自己，才能接纳自己，才能更好地发展自己。

对自己没有深入认识的人，因为缺乏对自己的思维模式和行为习惯的认知，会在生命本能的驱动下去采取行动：做自己喜欢做的，逃避自己不喜欢做的，言行举止和喜怒哀乐完全不受自己控制。本能驱使下的人都只能追求肤浅的幸福，这种幸福就像动物饿了找吃的、渴了找喝的、困了找睡的地方一样，是最基本的满足。

对自我的清晰认识，从小的价值来看，可以帮助我们更好地发现自己的优势，识别个人身上的致命短板，找到个人学习和发展的重点，提升事业或职业成功的概率。从大的价值来看，可以帮助自己成为自己的主人，搞清楚自己想成为的样子，以更好地处理自我和环境的互动，获得职业（或者人生）的幸福。

对自我的认知不仅仅是对自我知识技能和经验的表层认识，更要深入理解自己的思维模式和行为习惯，因为这些特征会对我们的行为和感受产生更大的影响。而越是深入内心的东西，就越难看清。借助于心理测量的专业方法和工具，比借助传统的内省更能让我们简便、全面、深入地认识自己。

对自我的认知，将在本书第二部分的相关章节中介绍，通过对人的剖析，结合CPI全面的个性测评，引导个人进行深入的反思，准确地认识自己。

3.3.2 对角色的认识

“角色”是戏剧中的概念，是舞台上演员扮演的剧中人物的形象。人类学家使用“社会角色”来定义个人在不同社会关系中的一套个人行为模式，这其中不仅包括社会、他人对这个角色的期望，还包括个人认同这种角色后的主观表演①。比如为人父母，应该关爱子女、以身作则、言传身教、养育子女健康成长，很多父母也是按照这样的角色要求来采取行动的，这就是父母的社会角色。

社会角色不会写在法律、规章、制度的条款里，而是存在于人们共同的认识中。虽然不同的人在社会角色的某些方面有所不同，但在一个稳定的社会中，依然具有普遍共性。比如作为学生，就会被期望努力学习、尊重师长；作为子女，则被期望孝敬父母、关爱长辈。

在为了达成一定目的而形成的正式或非正式的组织中，因为要实现企业的目标，就需要不同角色（岗位）的相互配合，因此会有相对成文的角色规范和要求。越是有效率的企业，这种角色的要求就越清晰。这些规范和要求根据企业和岗位的不同而有所不同。作为企业领导者，则有企业的文化规范或领导力素质要求；作为航空公司的飞行员，则有各类严格的SOP（Standard Operating Procedure，标准作业程序）的约束和要求。

每个人都会同时承担很多种社会角色，有多重身份：我们既是下属，又是领导；既是子女，又是父母；既是社区居民，又是城市公民。这些不同的角色有的比较相近，有的非常不同，有的甚至存在冲突。比如作为一名员工，在公司加班加点地努力工作，通常会被认为是一名好员工；但从另一个视角，一个只顾工作、不顾家庭和子女的父亲，则很难被认为是一个好父亲。

每个人都会遇到角色的冲突，不仅是如上所示的角色间的冲突，在

① 赵孟营. 社会学基础. 北京：高等教育出版社，2006.

一个角色内也经常会有冲突。比如在很多企业的管理岗位上，领导者经常被他人期望既要凝聚人心，又要能下狠心；既要着眼未来，又要关注当前；既要规避风险，又要创造革新。职业的选择和发展，不可避免地涉及对不同角色及同一个角色上的不同方面的取舍，因此认识到外在角色的要求，是个人成长力觉醒的第二个重要部分。

任何一个人都是社会人，只要有不同的社会关系，就一定会扮演不同的社会角色。如果我们无法扮演好这些角色，就不可能获得真正的意义；而要扮演好这些角色，就需要充分了解这些角色的要求。更重要的是，只有了解了这些角色的要求，才有可能在多种角色中做出取舍。

角色的核心是价值，即个人的行为可以对他人产生的价值。对于一个组织来讲，要实现持续的发展，就需要创造持续的价值；同样对于个人来讲，我们只有贡献自己的价值，才能得到收获价值的认可。那究竟要把个人的时间精力置于何处？选择做什么样的事情才能有效地创造价值？这些是在认识自我和认识角色之后，所做的重要抉择。

对角色的认知，将在第三部分的相关章节中介绍，基于对不同职能的分析，了解不同职业对人的要求，并从快乐和意义两者出发，找到个人的使命，这对一个人来说是最重要的。

3.3.3 对成长的认识

有了对自我和角色的认识，我们就解决了“我的快乐源自哪里？”和“什么是有意义的事情？”两个问题。对自我的满足能带来快乐感，对角色的履行会带来意义感，但完整的成长力觉醒还包括第三个部分，即“如何具体地兼顾快乐和意义”。

第三部分的觉醒，关键在于认识到个人应该如何基于对自我的认识、管理和发展，来选择和适应外在的角色要求。我们需要回答这个过程中的关键原则是什么？是哪里不足补哪里，还是秉持中庸之道？是追求成为完美的个体，还是容忍自己的不足？是放任自己的短缺，还是与他人相互补足？

对自我的管理和发展，每个人有很多既有的认识和方法，比如看书、听课、向人请教、实践锻炼等；也有很多原则和理论，比如木桶理论、帐篷理论等。但这些方法和原理，究竟哪些才是适用的，其背后的原因又是什么，个人常常是缺乏深入思考的。

想要兼顾快乐和意义，就必须认识成长的规律和学习的原则，在适应角色要求的意义追求中获取内在的快乐感，或者在追求满足内在需求的快乐中找到有意义的事情。只有知道如何发展自己的原则和方法，才能指导个人真正实现成长，而不是白费力气。

对成长的认知，将在第四部分的相关章节中介绍。在自我认知和角色认知的基础上，对成长的认知主要包括成长的根基、成长的策略和成长的方法三个核心部分。

有了对自我、角色和成长的觉醒，我们就建立了完整的成长力觉醒。这种觉醒就好像抽离出一个独立的自我，客观地审视自己和外在环境，既关注自己又不只关注自己；既满足于环境又不违背内心；既能赋予工作意义又能从工作中找到快乐。

对自我的认识，对角色的认识，对成长的认识，类似于禅宗说的“觉”。有哲学家[①]认为，人有了觉悟，并非就要做与众不同的事情，日常工作或生活的内容比起原来并没有本质区别，也无法表演点石成金的奇迹，但是同那些“无明”状态下做事的人相比，他的人生因为“觉”而更加有意义，活得更明白。

① 冯友兰. 中国哲学简史. 北京：北京大学出版社，2012.

PART

2

第二部分

*

认识你自己

认识自己，是一个古老的话题。无论是镌刻在古希腊德尔菲城中阿波罗神庙上的“认识你自己”，还是《老子》中的“知人者智，自知者明”，无不说明认识自己的重要性。缺乏自我认知基础上的发展，是无源之水、无本之木。因此无论外部环境如何变化，无论自己期望从事哪些有意义的事情，都需要建立在对自我深入了解的基础之上。对自我的认识并非是闭眼反思就能达成的简单任务，而需要一系列的知识为基础，最好借助于客观心理测评工具的支撑。

第二部分包括三个章节，论述的主要内容是：

第4章：分析理解人类不同层面的属性，详细剖析了内在心理属性的层次结构，并论述了个性的重要性。

第5章：介绍关于个性的基本理论，这些理论是我们认识人、发展人的基础，也为在下一章中阅读个人报告提供一些基础说明。

第6章：提供了一个免费的简化版CPI测评，结合测评结果从不同角度全面分析自己的内在特点，以更加深入地认识和了解自己。

第 4 章

人是什么？

关于人的定义，自古就有很多哲学家进行了深刻的思考。柏拉图说：“人是两腿无毛会直立行走的动物。”恩格斯说：“人是会使用劳动工具的高等动物。”本章不去探求哲学意义上的人是什么，而是从我们日常生活和工作中所能观察、理解和应用的角度出发，厘清人在不同层面的构成要素。

***首先把职场人当成一个整体，置于组织环境之中，可以观察到三种与个体相关联的要素，分别是“内在属性”“外在行为”和“个人绩效”**，这三种要素可以总结为特质、行为、结果。这三个构成要素，加上组织绩效，就构成了组织管理的三个公式，我们称之为“职场人的三层模型”。*

4.1 职场人的三层模型

三层模型包含三个公式，反映了组织绩效、个人绩效、外在行为、内在属性四个概念的关系。这四个概念分别如下：

- **组织绩效**是一个组织的结果表现，有很多硬性和软性的衡量指标，硬性指标如人均产值、人均利润、组织客户数量等，软性指标如组织氛围、人才充足度、社会责任等。

- **个人绩效**是个人具备、拥有或创造的结果，比如有良好的销售业绩、达成 KPI 目标、有很多粉丝、有同事们广泛的支持、被老板所喜欢等。
- **外在行为**是一个人具体展现出的可被观察到的动作或言语，比如加班到半夜、熟练使用 Excel、巡视车间、拒绝他人、帮助别人、表扬下属等。
- **内在属性**是人们自身持有的特点，在前面已有说明，比如热情、聪明、乐观、坚韧、博学、相貌、技能等，这些特点因人而异，在不同的人身上表现出很大的差异性。

这四个概念可以由三个公式关联起来，揭示它们之间的逻辑关系：

组织绩效 = F（**个人绩效**，协作）

↑

个人绩效 = F（**外在行为**，机遇）

↑

外在行为 = F（**内在属性**，环境）

首先，人们的内在属性会受到环境的影响而表现出外在行为；其次，外在行为在适当的机遇下会产生个人绩效结果；最后，组织中众多个人绩效结果协同起来就会产生组织绩效。所有组织和人才的管理挑战都包含在这三个公式之中，比如绩效管理、人才选拔、组织设计、文化建设、流程优化等。从长时间来看，个人的内在属性、外在行为、个人绩效会保持较强的一致性，但短期内三者也常常“表里不一”。

4.1.1 人的“表里不一”

由于环境、机遇及协作的影响，这三个公式中的四种要素之间是不完全一致的。这种“表里不一”共有三种：第一种是内在属性和外在行为的不一致；第二种是外在行为和个人绩效的不一致；第三种是个人绩效和组织绩效的不一致。这些“不一致”，更加深刻地揭示了人和环境互动的复杂性。

第一种“不一致”，是内在属性和外在行为的不一致。在公司加班到很晚，在办公室发火批评下属，这些都是人的行为表现。行为表现受人的内在属性和外部环境的共同影响，因此两者之间可能存在着不一致。经常加班的人可能并非出自勤奋，而是公司的文化环境使他不好意思准时下班，或者加班可以吃到免费晚餐；在办公室发火批评下属的领导，可能也不是脾气暴躁的人，也许刚好碰上了不可原谅的错误，或者家里发生了令人心烦的事情。这是内在属性和外在行为的不一致。

人们的行为会受到内在属性和外部环境的双重影响。**一个行为究竟归因于外部环境，还是归因于内在属性，美国社会心理学家凯利总结了归因的三个因素：区别性、一致性和一贯性。**上述举例中，加班的员工，如果在公司里，只有这位员工天天加班，其他员工很少加班（低一致性）；并且这位员工不仅是最近在加班，过去几年也经常加班，甚至在上一家公司也经常加班（高一惯性）；还有不管是A领导安排的任务，还是其他领导安排的任务都会加班加点地完成（低区别性）。只有这些条件都满足，我们才能把这个员工加班的原因归结为内在属性，除此之外，都有可能是由于外部环境影响产生的加班行为。

第二种“不一致”，是外在行为和个人绩效结果的不一致。客户数量、客户满意度、销售收入、投入产出比、团队人效等，是个人取得的绩效结果。绩效结果是个人外在行为和外部机遇所共同产生的，因此个人的外在行为和绩效结果之间也可能存在不一致。一名销售员今年的业绩增长很快，不一定是因为其个人的努力，有可能是因为公司品牌的提升。新任CEO上岗半年公司经营明显好转，有可能是因为在行业复苏下大部分同行都有很大增长，或者是前任离开前打下了扎实的基础到现在才开始产生效果。

无论是容易量化工作成果的岗位（如销售），还是不容易量化工作成果的岗位（如培训经理），都存在个人行为和绩效结果之间的不一致。从短期来看，个人努力了不一定会有成果，个人不努力也不一定就没有成果。在职场中对自我的认知，需要注意对这两者的区分：哪些成果是由于个人的努力而产生的，哪些成果是由于外部机遇促成的。**如果错把机遇造就的成果，当成自己行为的结果，那么这种成果就无法长久，并且会严重地错误估计自己的价值。**

第三种“不一致”是个人绩效和组织绩效的不一致。一个组织里的每个人都把自己该做的事情做好了，并不见得就一定能让组织表现得更好。例如一个人努力砌墙，一个人努力拆墙，两个人努力工作一天的成果就只是一堆建筑垃圾而已。组织中的不同角色能否良好合作、产生协同，是影响个人绩效最终汇总为组织绩效的关键因素。**这种协同机制的建立，就是组织内部的各种规章制度、跨部门沟通机制、文化价值观等工作的核心目标。**

这三种“不一致”会以各种形式存在。比如“处在风口上，猪也会飞”，猪飞在天空的状态，不是因为猪善于飞翔，猪也没有为了飞翔采取任何行动，而是风口这个外部机遇促使了它的飞升。在这个例子中，猪不能飞的内在属性和猪没有采取飞翔的外在行为是一致的，但结果是由于风口这个外部机遇，使猪飞上了天。

再如一名销售人员被要求每天必须给100个客户打电话，虽然他内心十分不愿意，但还是按照要求完成了任务，最后按照行业的通常规律，也获得了一定的订单。在这个例子中，不想给客户打电话的内在属性与给100个客户打了电话的外在行为是不一致的，但获得客户订单的结果和所采取的行为是一致的。

再举个例子，小王是一个非常遵守交通规则的人，但有一天他开车行驶在高速路上时发现路上有只猫，小王不得已突然向右侧并道急停，导致后边的车差点追尾。就在后边的车主大声训斥他不遵守交通规则时，突然前方的大桥垮塌了，要是正常行驶过去，小王身后的这些车都得遭殃。在这个例子中，小王遵守交通规则的内在属性和违反交通规则的外在行为是不一致的。而可能导致出现车祸的行为，却反过来拯救了大家，产生了好的结果。

世事无常，人们所处的环境和机遇总是会变化的，这就导致不同的人生也许有规律可循，但很难像科学实验一样可以重复验证。也正是因为存在这些“不一致”，对组织和自我的管理才同时会有科学和艺术的双重成分。对这三个公式中四个要素的关联和区别的理解，是一名优秀的人才认识自己的宏观基础。无论是管理者、研究人员，还是采购人员，只有了解了这三个公式，才能更好地管理自己，或者管理他人。

4.1.2 管理的三个阶段

职场人的三层模型，正好对应着管理的三个阶段。在最开始，为了达成组织绩效，管理1.0重点强调的是对个人绩效的管理。在这个阶段，组织对个人的管理主要以事后考核的方式为主，采用奖惩来引导人们达成目标。而个体对自我1.0的管理，则是只关注报酬、职位、名望，而忽视真正能得到这些结果的过程和内因。

结果的管理是滞后的，随着工作复杂度的增加，只做事后的管理并不可靠，组织会为员工个人不良履职的后果承担风险。因此很多组织会向前一步，进入过程管理2.0阶段，这个阶段不仅考核结果，更要管理过程。比如要求销售人员每天给100个客户打电话，规定组织成员做事的价值准绳等。个体对自我2.0的管理，则是按照要求采取有效的行动，尤其是强调行动的数量（如工作时间、产出数量等）。

随着竞争的进一步加剧，很多工作很难再通过行为规范或过程指导来完成。在提供了标准话术的情况下，同样是给100个客户打电话，有的人能成交20单，有的人只能成交5单，背后的差异是能力的差异，是个人优势的不同。如果客户无限多，这种差异无关轻重，但客户是有限的，如果能从100个电话中获得20个订单，就没有组织愿意容忍只有19个的结果。因此管理3.0的重点是能力管理，核心是关注行为的有效性，通过发挥人的真正优势，来达成更好的结果。个体对自我3.0的管理，则是不断发现自己的优势和不足并强化自己的内在能力。管理的三个阶段如表4-1所示。

表4-1　管理的三个阶段

管理重点	管理阶段	管理内容
个人绩效	1.0：结果管理	以成败论英雄，靠做事的结果来评价人
外在行为	2.0：过程管理	为了确保结果达成，对人的行为进行管理
内在属性	3.0：能力管理	更加关注行为的有效性，发挥人的真正优势

这三个阶段在组织中不是非此即彼的，也不是相互替代的，而是同时具备、逐渐侧重的。**一个好的组织，必然同时会有对结果、过程和能力的管理。一个优秀的人才，也必然会同时关注自己三个方面的要素，并不断地侧重到对自己内在属性的管理。**对结果和过程的管理，由于其外显性，很容易被观察和识别；而对人的内在属性和能力的管理，却有些虚无缥缈，常常令人不知所措。不过正因为困难，才是未来每个组织和个体竞争优势的关键。

职场人的内在属性、外在行为和个人绩效三个因素中，内在属性是稳定的根源，是行为和结果的基础。虽然短期内三者并不完全一致，但如果放到更长的时间来看，个人绩效主要受个人外在行为影响，而外在行为主要由内在属性决定。

如果人的行为五花八门，那么影响人的行为的内在属性则更是千变万化。本书引用美国心理学家麦克利兰的冰山模型，帮助我们厘清人的纷繁复杂，看到人内在属性的构成和层次。

4.2 心理属性的冰山模型

一个事物如果无法被分割为更小的事物，则这个事物就不可能发生改变。木材之所以可以被加工为桌椅，是因为木材可以分割；酸和碱混在一起可以发生化学反应，也是因为化学分子可以被分割。个人要发生变化取得成长，就不能被当成一个不可分割的整体，而是要进一步区分内在属性的不同成分。

关于人的内在属性，我们可以列举出很多词汇：财富、地位、声名、品行、民族、相貌、性别、个性、身高、学历、专业、能力、职业、家庭、国籍、籍贯……这些描述可以简单分为三类：社会属性、自然属性和心理属性。社会属性由相应的社会关系和地位所赋予；自然属性则是个体天生就有的一些生理特征；而心理属性则是根植于头脑活动的心理特征。

这三种属性会对人们的职场行为和绩效结果产生影响。如果你的客户是你的校友，那么这种关系会有助于增进你们对彼此的赏识，帮你提升成交的概率。这是社会属性的影响。

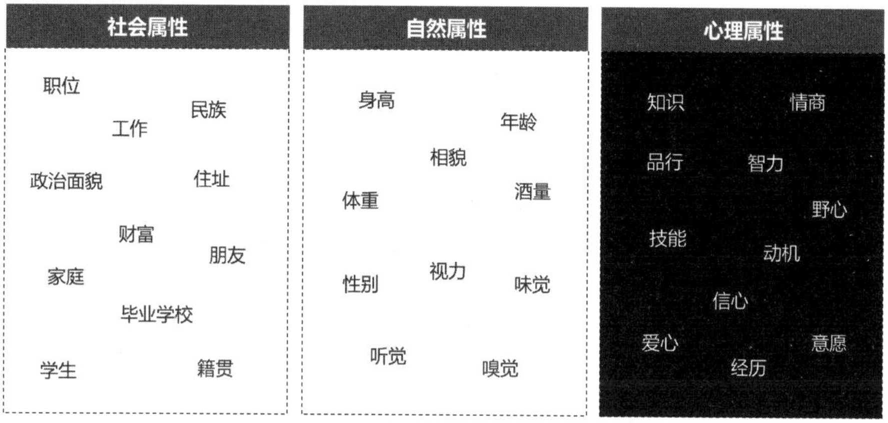

自然属性同样也会对职场行为和绩效结果产生影响：有家物业公司的保安岗位分为两种：普通保安和形象保安，两个岗位的工作职责基本上是一样的，但形象保安岗会招聘一些更高更帅的年轻小伙，给他们的工资待遇可能比普通保安高一些。这是自然属性的影响。

随着市场化程度的加深，以知识为基础的脑力劳动者成为社会和组织发展的重要动力。这些高素质的人力资源，并不带有太多的社会属性和自然属性，而更多依赖的是其心理属性。“英雄不问出处”，不论性别、籍贯、信仰、身高、相貌，全部凭借其内在能力，为组织创造更多的价值。在这种背景下，社会属性和自然属性对人们的职场表现依然有影响，但影响的程度正在逐渐降低。

对心理属性的探索，有助于我们加深对自己和他人的了解。但人的心理属性千差万别，众多心理学家孜孜不倦地做了大量研究，尚不能形成一个统一的理论。实践领域内使用最普遍的是美国心理学家麦克利兰的冰山模型。这个模型按照人的心理特征被识别和改变的难度，把人的内在属性比喻成一座冰山。犹如自然世界的冰山，人的心理属性的冰山，也可以分为水面以上的部分和水面以下的部分。两个部分、七个层次的心理属性，构成了人们认识并发展自我所必须了解的基本元素。

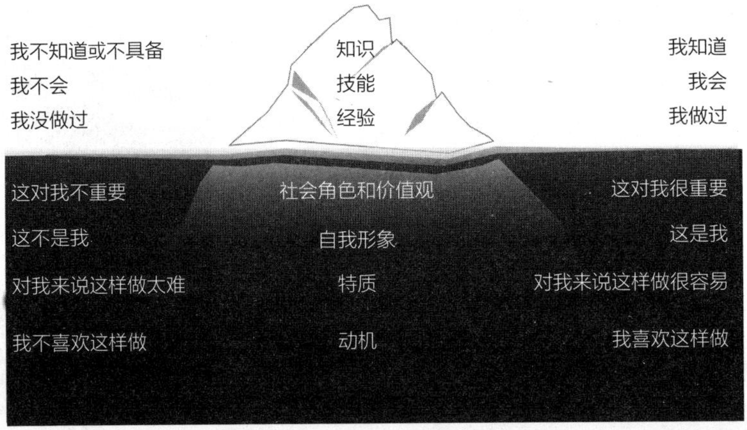

水面以上可见的部分，是知识、技能和经验三种属性，这些属性相对容易识别，也比较容易改变。冰山可见的部分是职业成功的必要因素，但却远非是核心因素。**也就是说，具备相应的知识、技能和经验，可以帮助个人把工作做到胜任，在职业初期取得一定的优势，但难以支撑个人达到优秀甚至卓越，实现长远发展。**

水面以下阳光可以照射到的部分，是人们的社会角色和价值观。人们对事物重要性的判断和价值高低的取向，虽然并不如知识和技能容易改变，但相对于冰山中更加深层次的属性，是可以在教育和影响中发生变化的。这部分包含了人们的道德品质和个人修养，是人身上最为闪亮和神圣的部分。

冰山的底层，在那些连阳光都无法穿透的地方，是人们的自我形象、特质及动机。这些属性相对而言不太容易识别，也不容易改变。但相比较于冰山上的心理属性，冰山下的因素对于职业的成功更具有长远的影响。冰山的底层，常常决定了顶层的发展方向和速度。

想要在宏观层面了解一个事物，就需要细致了解其内在的构成。不是每个人都需要成为心理学家，但对人心理属性的基本认识，是每个寻

求获得成长力的优秀人才所必备的常识。否则个人就不可能形成对自我全面清晰的认识，也无法掌握有效成长的策略和原则。以下对这些不同层次的心理属性进行详细的说明解释。

4.2.1 知识

知识即个人所了解和知道的关于主观和客观世界的现象、本质、规律等的描述信息。比如你知道地球是圆的、铁的密度比水要大；或者你不知道孟加拉国的人口（2016年为1.63亿）比俄罗斯（2016年为1.44亿）还多、南非有三个首都等这样的冷知识。

知识的获取相对容易，即使是相对系统性的一些知识，也可以通过反复的阅读来获取。**可是但凡容易获取的东西，也容易失去。**知识的获取，虽然比较容易，但也会受到个人的理解力、记忆力、思维习惯等的影响。

4.2.2 技能

运用程序性知识执行一定活动的能力叫作技能，技能通常和行为动作相关联，比如机器组装、表格设计、汽车驾驶、写毛笔字等。**技能的获取相比较于知识会稍微困难一些。比如知道键盘字母的分布和指法是容易的，但是不看键盘进行盲打则需要很多练习；同样把菜谱背下来也并不代表你能炒出一道好菜。**

一些活动虽然经常被称为技能，但这些活动开展的有效性，非常依赖于内在的综合素质，而不仅仅是程序性的活动。比如辅导下属、客户谈判、战略规划、团队激励等。因此在理解技能时，最好定义为那些具有相对固定的流程和模式，可以通过一定的练习就能掌握的行为。

4.2.3 经验

经验就是个人的经历，比如学习经验、工作经验、项目经验、海外经验、跨部门经验等。经验的获取相对于知识和技能的获取更为困难，特别是一些重大的经验（如管理一家上市公司的经验），不仅需要几个月到几年的时间投入，而且并非每个人都能获得积累这些经验的机会。

经验往往是多种知识、技能和内在特质的综合展现。比如具备独立开拓新市场的成功经验，就必然掌握与市场开拓相关的知识、技能，以及开拓新市场所需的综合素质。**成功的经验对个人的成长具有极大的价值，在预测人们的成功时，会比知识技能更有参考意义。**

4.2.4 社会角色和价值观

前面第3章在讲“对角色的认知”时，已经详细介绍了社会角色。个人的社会角色会受社会环境的影响潜移默化地形成。个人身上常常具有多种社会角色，这些角色之间可能彼此冲突，在角色发生冲突时个人对事物重要性的判断和取舍，就是价值观。比如公司提拔并派遣你去边远地区，但家中父母年老需要照顾，这时候作为员工的角色和作为子女的角色就出现冲突。这时需要你对职场成就和床前尽孝做出取舍，而决定你对这两者进行价值比较的，就是价值观。

价值观与社会角色类似，都是对什么事情应该做、什么事情不应该做、什么事情有价值、什么事情没有价值的判断和取舍。这些判断中有一些是人类所共识的，比如“偷窃是不对的”“帮助他人是有意义的”等，这些价值观就是一个公民的社会角色。另外有一些价值判断，不同的人各有差异，比如你认为赚钱不是很重要，但有人觉得赚钱是一切工作的灵魂；你觉得吃喝玩乐没有意义，但有人觉得及时行乐的人生才有意义，这些都是人们自己独特的价值观。

品德的内涵，属于社会角色和价值观的范畴。因为不同的人身处的生存环境和文化环境不同，同一个人也会承担多种社会角色，所以判断对错的标准，并不是一个完全绝对的事情。我们都认为抢劫是不道德的行为，但如果身处乱世、劫富济贫的人会被认为是英雄，这就是生存环境对品德标准的改变。

社会角色和价值观，处在水面以下阳光尚可照及的部分，会直接决定我们的行为，是个人身上既稳定又可以改变的重要属性。通过对宣传、教育、氛围的营造，个人可以树立或改变对某些问题的看法。我们接受的爱国主义教育、企业文化培训，都旨在引导人们形成一种角色和价值观的认知，具体的心理过程在本书第12章会有详细的分析。

4.2.5 自我形象

自我形象是个人对自己的评价和定位，反映了自己如何看待自己。比如“我是个勤奋的人”“我长得很帅”“我觉得自己有能力解决疑难问题”“我是个忠诚的人”等。自我形象的形成，是长期以来他人反馈和自我观察比较的结果。如果别人总是夸你漂亮，你就会觉得自己好看；如果你经过长期观察发现自己比别人反应更快，你就会觉得自己很聪明。自我形象的准确与否，会受到他人反馈和个人观察的数量和质量的影响，有些领导者听多了阿谀奉承，就会错把岗位的权利当成自己的魅力，这就是自我形象的失真。

自我形象有一个比较显著的特点，就是个人更容易形成对自己优秀和独特的看法，而难以看到自己不足和普通的一面。我们会认为自己具有很多优秀的品质，在很多方面比别人更加出众；同时我们也会认为自己与众不同，不是一般人。自我形象的改变要相对困难一些，困难的最主要原因，是我们内心会抗拒这种变化。

4.2.6 特质

特质是指个人身上相对持久稳定的思想、情感和动作的特点。内在特质体现在外在行为上，表现为做某些事情的容易程度：如果某类事情很轻松即可完成，则在这方面具有较强的特质，反之则具有这方面较弱的特质。比如很容易解决智力难题，就是智力特质高；很容易跟陌生人打交道，就是人际交往自在性的特质高；在采取强硬行动甚至得罪他人方面很困难，就是勇气性特质不高。

特质的内涵非常丰富，简单理解可以分为两大类：最佳表现的和典型倾向的。比如智商、情商是有高低之别的，因此是最佳表现类特质；比如外向—内向、乐观—悲观，这些特点并无好坏之分，只是一种比较稳定的典型行为倾向。特质的改变非常困难，而且很多时候我们甚至很难用准确的语言来描述自己或他人所具备的特质。

4.2.7 动机

动机是驱动满足人的内在需求的心理状态和意愿，是人的最深层次心理属性。作为一种内在的、自然的、自发的动力，动机对于每个人行为的表现，以及个人对于行为的感受体验，具有根本性的影响。动机是从小到大的成长经历所塑造的，特别是小时候的成长环境，对动机的形成影响巨大。正因为动机形成于长期的经历，比较难以改变，所以对人的行为影响会非常大。

很多心理学家研究过动机的类型，其中马斯洛的需求层次理论比较值得介绍。马斯洛认为人有五个层次的需求，从低级到高级分别是：① 生理需求，即饮食、睡眠、呼吸及性的需求；② 安全需求，即人身、财产、职业、家庭等的安全；③ 社交需求，即友情、爱情和归属某个团队的需要；④ 受人尊重的需求，即获得他人的承认和尊重；⑤ 自我实现的需求，即实现个人理想抱负、实现个人价值的需要。一般情况下，人们会先满足低级的需求，然后再满足高级的需求；但是有一些人也可能跳过低级的需求，寻求满足高级的需求，比如那些即使饭都吃不饱也要追求政治理想的革命战士。

以上我们详细地解剖了人的心理属性的不同成分，包括知识、技能、经验、社会角色、价值观、特质和动机。这些心理属性对我们的工作和生活都会产生影响，无论是知识技能，还是特质动机。这些成分有的容易发生变化，有的难以在短期内改变；有的容易被识别，有的却难以被观察和描述。其中冰山以下阳光都无法达到的部分，存在着每个人最深层的个性，这些个性对每个人的行为都有着决定性的影响。

4.3 性格决定命运

人是一个复杂的整体，上述介绍的各种心理属性并没有天然的区分，各种属性会彼此关联影响。苏轼的诗句“横看成岭侧成峰，远近高低各不同”，含义是同一座山，但是从不同的角度看各不相同。比如知识和技能会相互受限，而经验则会受所有其他因素的影响。

尤其是冰山底部的三层属性（自我形象、特质、动机），也是相互关联的，实际上只是不同视角下的切面：比如一个人喜欢思考抽象的问题（动机），通常他也比较擅长于此类思考（特质），并且也会认为自己是一个善于抽象思考的人（自我形象）。**动机、特质和自我形象三者合起来，就构成了一个人区别于另一个人的典型特征——个性（personality），**

这是人身上最为稳定的属性之一。

再举一个例子，一个人很喜欢做谈判说服的事情（动机），他就会主动去参与甚至创造谈判说服的机会，在处理谈判说服的事情时会感到很轻松（特质），并且基于他人的反馈和自己的观察，也会慢慢地觉得“我是个谈判高手”（自我形象）。这三者之间往往没有先后顺序，最开始也许只是一个偶然的机会，或者他人一句无心的表扬，就开启了这个循环，最终把他塑造成了一个有高影响力的人。

个性是人的冰山底层的一种长期稳定的心理属性，不仅难以识别，更难以改变，并且还经常超出自己的控制。讲一个故事，来说明个性的这种特点。

有一只蝎子要过河，但是苦于自己不会游泳，一直在河边徘徊。这时有一只青蛙路过准备过河，蝎子叫住青蛙说，“青蛙兄弟，可以背我过河吗？”

青蛙说：“可以倒是可以，不过万一你蜇我怎么办？”

蝎子说：“这个你不用担心，你在河里背着我呢，万一我蜇了你，我不也得被淹死吗？”

青蛙想了想，觉得蝎子说得有道理，认为蝎子再怎么恶毒，也不至于自寻死路。可是在青蛙游到河中间时，蝎子还是忍不住蜇了这只可怜又乐于助人的青蛙。

在两者随波漂流奄奄一息的时候，青蛙愤怒地问蝎子：“你为什么要这么做？”

蝎子无奈地说：“我也不想的，但这是我的本性。”

这个故事里发生的事情也无时无刻不发生在我们周围甚至我们自己身上。有的人脾气不太好，总是忍不住要发火；有的人知道自己不善交往，但也无法令自己明天就变成交际达人；还有人总是苦于无法拒绝他人，面对那些无理的需求总是不好意思说不。

有句话叫“蛇入竹筒，曲性犹在”，人的个性很难短时间内发生改变，但这些稳定的个性对我们的行为却有深远的影响：内敛的人总是期望避免频繁接触陌生人；抱负性强的人总是在寻求更具挑战的机会；而概念性思维者总是在用矩阵或者流程思考自己碰到的问题。有研究表明，个性对于个人成功的影响高达70%。从长远来看，一个人的思维模式和行为习惯，会比他所掌握的知识技能、积累的各种经验，甚至其智商水平，更能影响他的职业发展。

如果你向内观察自己，你会发现过去数年你自己的知识、技能、经验更丰富了，甚至有些价值观也发生了变化，但你内在的思维方式和外在的行为模式并没有发生太大的变化。如果向外观察你周围的人，比如你曾经的同窗，你会发现虽然毕业时大家的知识技能经验都比较接近，但随着时间推移，大家选择的道路各不相同，并且选择各自的道路时，大多数人都可以从自身的性格特点上找到缘由。

因为个性对人具有重要影响，所以有很多心理学家和商业机构都会花很多时间和精力来研究人的个性。这些研究和实践从不同的角度对人进行了很好的描述。但如果要更加深入地了解自己，我们先不要马上去分析自己哪些特点强哪些特点弱，而是先对个性的基本理论做一些思考，这会更有助于我们理解人。

第 5 章

个性的基本理论

每个成长者都需要认识自己独特的内心，但在此之前，还需要了解所有人都会遵循的普遍的人性。*每个人都有独特的“人心”，但基本的“人性”却是所有人的规律。人性的理论有很多不同的视角，有辨析人好坏的“善恶论”，有经济学家的“理性人”。本书着眼于人的成长和发展，而其中最核心的是对个性的认识和管理，因此本章重点论述个性的基本理论。*

本书总结的个性的基本理论总共有四条，分别是丰富多样性、发展分化性、环境适应性和整合复杂性。这些理论是我们认识自己，也是我们发展自己的基础。

5.1　丰富多样性

每个人都有多方面的个性特点，且不同人的个性特点千差万别。

天底下没有任何两个东西是完全一样的，那些看起来很像的东西，总会在细节处存在很大的差异。世界上没有完全相同的两片树叶，也没有完全相同的两个人。有研究表明，即使是同卵双胞胎，具有完全相同的基因，也会因为后天环境的差异，而展现出非常多的不同之处。就如同自然生物千差万别一样，人类的个性特征也是丰富多样的：有的人善于言辞，而有的人却沉稳内敛；有的人行动雷厉风行，而有的人却慢条斯理。

人的丰富多样性，决定了每个人的独特性。**这个星球上存在着的、存在过的、即将存在的所有人，都是独特的个体。**虽然每个个体都不会有什么异于常人的特别之处，也不会具有别人都不具备的某种特质，但很多常见的特点的组合，的确会造就独一无二的个体。人的独特性，正是源自人的多样性。就好像你的智能手机，其品牌、型号、外观、手机壳、保护膜、壁纸、饰件，甚至划痕，没有哪一个是你的手机所独有的，但这些要素组合起来，你就可以轻易地从一堆手机中找到自己的那一个。

每个人都需要处理与客观世界、社会他人及内在自我的三重关系，每重关系下，又会有非常多的场景。比如在与社会他人的关系中，个人是主动还是被动、是活跃还是沉默、是独处还是群居、是支配还是服从、是倾听还是影响、是关心还是漠视、是民主还是独断……人们在这些场景中的反应各有不同，但个人的反应方式并非独一无二。比如支配性，每个人都有这个特质，只是强度高低不同，并且在某个强度上，会有非常多彼此相似的人。但如果把很多这样的特质组合起来，就会出现多样性，两个人在这么多方面恰巧完全一样的概率比猴子在计算机上打出一部诗集的概率还低。

人们在认识事物的时候，会有节约认知资源的倾向（少动脑子的书面表达）。在这种倾向下，人们更愿意采用“原型”来思考，把遇到的人进行归类，变成一个个的类型和标签，比如“开拓进取型”“保业守成型”“像只老虎一样强势”“像只孔雀一样爱表达”，这种类型划分的方法，对于认识人与人之间的差异性是有意义的，但是也会忽略很多细节。而人的多样性和独特性，又全部都隐藏在这些细节之中。

如果人们只有性别一种属性，那么全世界的人就只能分为男人和女人两类，高矮、胖瘦、美丑等差异就都不存在了，60亿人口就变成了30亿完全一样的男性和30亿完全一样的女性。如果只看人们的“内向—外向”“思维—情感”两种特质，则可以把所有人分为4种类型，每种类型各有15亿人，他们也是没有区别的。不管是继续用3个维度把人分成8种类型，还是从4个维度把人分成16种类型，或者32种、64种、128种……都无法充分描述人的多样性和独特性。

对人的多样性认识，会有一个逐渐细化的过程。例如我们一开始看到非洲或者欧美的外国人时，很难把一个人和另一个人分开，但随着见过的外国人不断增多，我们则开始在眼睛、眉毛、耳朵、头发等方面发现了很大的差异。如果一个外星人降落地球，应该也要花很多时间才能从五官的细微差别中区分开不同的地球人。同样对人内在个性的多样性和独特性的认识也有一个过程，一开始大概能把人分成内向与外向，然后再加上理性和感性的维度，最后上升到从数十个维度对人进行详细的区分，从而看到人们行为方式的巨大差异。

多样性是自然和社会进化的基础，也是自然和社会发展的结果。如果一个生态系统的物种非常单一，那么这个生态系统就会非常不稳定，很容易因为一些变化而崩塌。同样可以想象，如果一个社会缺乏多样性，也会非常脆弱。假设社会中的所有成员都是循规蹈矩的人，那么社会就很难取得突破和进步；相反，如果所有人都非常冒险，那么社会也可能会濒于毁灭。

社会的良性发展，依赖于社会由多样性的人组成。他们各具特点，包罗万象，你不喜欢的事情，有人喜欢；你不想承担的工作，有人愿意承担；这样社会的功能才会完整。当社会环境发生变化时，总会有一些人具备适应新环境的特质，虽然有一些人可能无法适应这种变化，但人类作为一个整体，却能在不断变化的环境中生存下来。

人的个性差异是所有人必须要认同的基本事实，这也是追求个人的差异化发展和管理的根基。如果人没有差异，招聘、培训、任务安排、市场定位、客户研究，所有这些工作就没有了意义。一个组织内部会有不同的职能分工，这些分工导致企业内部会出现成百上千个岗位。随着市场竞争的加剧，这些岗位对人的要求越高，人的作用就会变得越大，因此对人的差异性的了解也就越重要。只有用差异化的人来满足多样化的岗位需求，才能促进人和组织价值的实现。

一个健康良性的组织，对差异化有着基本的要求：前端部门要敢于冒险，而后端部门则要控制风险；研发部门要创意革新，而生产部门则要稳定可靠。一个高效的组织，必然需要多样化的人员来承担这些多样化的要求。你可以想象一下，如果你所在的组织，所有人的个性特点都跟你一样，会有什么样的结果？

5.2 发展分化性

个人的内在特点必定有高有低、有强有弱，不可能都强或者都弱。

分化是一个生物学术语，大意指细胞分裂之后，会各自发育成不同的组织、器官。分化之前的细胞，往往会比分化之后的细胞具有更多的可能性。而分化后的细胞，在某些特定方面的功能则会更强大，但代价就是放弃了其他可能的功能。对于人而言，发展的过程也是一个不断分化的过程，在这一过程中，有些特点被保留并强化，有些特点被弱化或抛弃。

我曾经见过一些视觉不太好的人，他们的听觉都非常敏锐；还有一些腿脚不太方便的人，臂力比一般人要大。同样的道理，人的内在个性特点必定会有强有弱，不会都强或者都弱。比如有的人很喜欢动脑筋思考，但做起事来却非常拖沓；有的人在人际上非常积极主动，但却很难静下心来填写一个表格。

个性的发展和形成，是个人先天遗传和后天环境共同塑造的结果。但人的时间与精力是有限的，发展的机遇也是有限的，某些个性的长足发展，必然伴随某些特点的较少发展。比如从小生活在热闹环境中的人，每天都有机会跟不同的人交往，大部分时间都用于处理人际方面的事情，因此在人际方面就比较容易培养出优势；而从小生活在安静氛围下的人，极少需要处理复杂的人际关系，大部分时间可能都是自己独处，因此更有可能发展出其他方面的优势，而不是人际交往方面的优势。

人们总是倾向于去做自己喜欢做的、擅长做的事情，而避免去做那些不喜欢做的、不擅长做的事情。这个过程中，我们的强势特点会被进一步强化，弱势特点会被进一步弱化。这很像自然进化中讲的用进废退，人的个性能力发展，也是多用则强，少用则弱。所以在个人身上，必然有些个性是强势的，有些个性是弱势的。

我们过去所接受的教育，是要“德、智、体、美、劳”全面发展，但到目前为止，全世界都没有一个人能同时获得诺贝尔奖和奥林匹克金牌，甚至没有人能在田径赛场上同时获得100米和马拉松的金牌。“金无足赤，人无完人”，世界上没有完美无瑕的事物。

你不可能找到一个完美的人，因为发展分化的普遍存在，就决定了个体不可能在每个方面都十足强劲。老子在《道德经》中说，“有无相生，难易相成，长短相形，高下相倾，音声相和，前后相随。”如果一个人有某方面的优势，就一定有为了这种优势而牺牲掉的弱势，一个人没有短处，也就没有长处；无所不能的另一面，则是一无所长。

人的发展分化性，是我们知己知彼的理论根基。有没有人可以做好任何一件工作？有没有人完全就是个毫无价值的废物？是不是把一个工作交给任何人都差不多？答案显然是否定的。人们对自我和他人的管理与发展，除了要看到人和人之间存在差异，还要分清楚个人内在特点的强弱区分。

很多人会忽视人的发展分化性，想当然地觉得人就应该无所不能，对自己和他人有过高的期望。但真正成熟的人，会“爱一个人而知道他的缺点，恨一个人也知道他的优点”。那些时而觉得自己无所不能，时而又觉得自己一无是处的想法，都是认知不成熟的表现。成熟的人在看待自己时，应当既不妄自尊大，也不妄自菲薄。

5.3 环境适应性

个性并无好、坏、高、低之分，但在不同的情景之下影响和贡献不同。

英国生物学家达尔文在马德拉群岛上考察时发现，岛上昆虫的翅膀要么特别大，要么就没有。后来他观察到岛上经常刮大风，没有翅膀的昆虫因为不会飞，反而不会被大风刮到海中淹死，另外长有强大翅膀的昆虫，就算被大风刮到海面也能飞回来，所以这两类昆虫能够持续繁衍，而那些不小心进化出了常规翅膀的昆虫则面临灭顶之灾。

什么样的生物是最优秀的？强大的？凶猛的？敏捷的？柔软的？聪明的？低级的？恐龙虽然强大，但抵抗灾害不如老鼠；狮子虽然凶猛，但团队协作不如人类；人类虽然聪明，但在太空中的生命力就不如水熊虫[①]。所以强大、凶猛、敏捷、柔软本身也并无好坏之分，物竞天择，适者生存，只有适合环境的物种，才是最优秀的。就如同达尔文在马德拉群岛上的发现一样，环境决定了一种生理特性是否有价值，而不是某种特性本身能自证其价值。

再以眼睛为例，对人类来讲，眼睛是最为珍贵之物。我们经常会用“像保护眼睛一样来保护某物”这样的表述，来形容一个东西的重要性，可见眼睛对人类的意义。但我们并不能就此认为，眼睛对所有动物都重要，比如对于生活在深海的鱼类或者昼伏夜出的蝙蝠，就算它们全部都看不见，也不会对它们的生活造成实质性的影响。对它们来讲，派不上用场的眼睛就不如其他感觉器官更加有价值。

健康的社会环境，应当如同健康的生态环境一样，是丰富多样的。在这样的环境中，各种不同特色的优势都有其用武之地。同样人的个性本身也并无好坏之分。任何一种个性特点，总有其发挥价值的地方。无论是安静内向还是热情外向、追求卓越还是享受平淡，脱离具体环境从人性的角度来讲，这些个性都是人的一部分，都有其独特的价值和适用的场景。相对于追求职业和人生幸福的终极目标来讲，这只是路径的差异，没有优劣之分。

人们通常认为外向的、有抱负的、创新的特质是好的，认为内向的、知足的、保守的特质是坏的。殊不知有抱负的人虽然更可能追求事业的成功，但也承受更多的不安全感，失去对生活的知足和享受；外向的人虽然在人群中表现得积极活跃，但也容易缺少必要的沉默和深思；而只有创新没有传承的冒险倾向，比传统和保守更加容易导致失败。

虽然个性本身并没有好坏之分，但是它们在不同的场景之下发挥的

① 《科技日报》曾报道在真空和辐射下水熊虫可以存活多达10天。

价值却有高低之别。对自己的职业期望更高的人，更有可能付出艰苦的努力来获取达成目标，因此在管理岗位上会更有长足的驱动力；而那些享受稳定和可靠工作环境的人，就比寻求多样性和缺乏耐心的人，更能适应一些例行任务偏多的工作岗位。

就如同特定的自然环境，会筛选出适合这一环境的物种一样，特定的工作岗位，由于相对专注于解决某些任务，因此对个性能力的要求就会有所侧重。具有某些个性会比具有其他个性，更有利于在这个岗位上完成相应的任务，取得更好的成果。比如在研究类岗位上，深入的思考和创新的思维，就比忍受人际的委屈和不怕得罪人更加重要，而后两者对于销售岗位则会非常重要。

如果让一个人去做的事情完全无法发挥其优势，则这个人就很难把事情做好，从这个岗位要求的角度来讲，这个人就不是人才。但是如果换一个能够发挥其优势的岗位，那么这个人就是人才。物尽其用，人尽其才，就连我们认为肮脏不堪的粪土也有滋养植物的价值，把人放对了地方就能产生巨大的作用。

富有勇气、人际敏感、成就动机、独立自主，这些人类身上的特征，就如同动物的强壮、凶猛、敏捷、柔软一样，并不是天然的优势，只有放在特定环境下来考察，才有优势与不足的区分。不同的岗位需要做的事、接触的人、解决的难题都是不同的，所以对人提出的要求也不相同。

因为个性并无好坏之分，所以我们在分析自己的个性特点时，不应因高分而沾沾自喜，也不应因低分而唉声叹气。因为在不同的情景中个性的影响和贡献不同，所以我们要结合自己的岗位职责和自己的发展目标，看看自己究竟有哪些优势和短板。

5.4 整合复杂性

个性是能力的重要组成部分，但能力还包含个性之外的因素。

最后要谈的一个理论，是人的整合复杂性。这一个基本理论包含三个方面：① 个性对能力的发展起主导作用，由于个性特点的稳定性，所以能力的发展是困难的；② 能力还包括个性之外的诸多其他因素，因此虽然个性难以改变，但能力的成长依然有可能实现；③ 人们的行为表现，除了受到内在心理属性的影响，还会受到外在环境的影响。

第一，由于个性决定了个人行为倾向和愉悦感的来源，因此对能力的发展起主导作用，是能力的重要组成部分。比如社会交往的自在性高，则更有可能主动寻求建立社交关系，自信地与陌生人相处，建立更多的人脉关系，在此过程中围绕关系建立的知识、技能、经验会逐渐得到强化和丰富，关系建立这项能力就会变得更强。而如果一个人在社交中总是感到不自在，则会不自觉地逃避社交活动带来的尴尬，减少与陌生人沟通交流，按照用进废退的规律，他在关系建立方面的能力发展也就更弱一些。

由于人们的行为习惯和心智模式是过去长期经历塑造的结果，有着刻画在大脑皮层中神经元突触连接的生理基础，因此在短期内难以发生太大的变化。即使一个人读了很多书、听了很多课，这些知识也无法让个人的个性快速发生变化，而个性又是能力最重要的核心，所以人的重要能力的成长都是缓慢的。

第二，虽然个性对能力的发展起到重要作用，但个性并非能力的唯一决定因素。第 4 章里冰山模型分析的其他成分的心理属性，包括知识、技能、经验、价值观等，也都是能力的组成部分，会对能力的成长和表现产生影响。比如人际自在性很低的人，虽然个性层面不喜欢与陌生人交往，但他一旦认识到这件事情的重要性（价值观），依然可以通过学习掌握一些社交方面的知识和技能，来处理必要的社交挑战。同样一个人即使自在性很高，但如果不注重相关知识技能的学习和经验的积累，也难以在关系建立方面发展出优势能力。

个性是一种潜力，这种潜力要转化成能力还要依赖于知识、技能、经验和角色价值观的支撑，而这些心理属性是比较容易改变的。因此我们需要用动态和系统的眼光来看待自己和他人，看到人的努力和主观能动性的作用。无论是自己还是他人，都可以通过后天的刻意训练和实践来促进成长和发展。那种把“性格如此，无法改变”当作理由的人，只是在为自己的懒惰寻找借口。

以上两点分析可以用能力的构成要素图来展示。由图可以看出，个性非常重要，发挥主导作用，但其他心理属性也会对人的能力产生影响。

第三，人们的行为并非完全取决于内在的个性，也会受到外在环境的影响。这一观点在第4章讲职场人三层模型时已经论述，比如一家公司非常强调加班的文化，那么一个人即使精力不足，如果没有做好离开组织的充分准备，仍然会按照组织的要求留下来加班，只是这个过程由于和个性不相匹配，会令他感觉非常难受。

浩瀚宇宙可观测部分的直径约为930亿光年。而这个幅度比起人心的复杂和多变，却也显得狭窄。**我们可以把宇航员送入太空，把月球的土壤带回地球，但是我们却很难有把握能够完全了解一个人，更别说去改变一个人。**

人的复杂性，体现在人与环境、人与人以及人与自我之间。这其中会有因果关系，也会有随机偶然。无论是认识自己还是了解他人，都应该力所能及地全面考虑，而不只是刻板地用公式来进行判断，或干脆放弃对人的思考。关于人的问题，再努力也不可能做到100%准确，但我们依然不放弃。

以上关于个性的基本理论，是笔者在生物学和心理学专业知识基础之上，结合人才评价发展的工作经验总结而成的。这些理论借鉴了生物领域的一些基本思想，在解释和预测人们的个性与行为，以及帮助个人更好地发展自我以追求人生幸福方面，具有基础性的指导意义。基于这些原则，我们就可以开始自我探索的旅程。

第 6 章

通过测评认识自己

*虽然自我反思和他人反馈也可以帮助个人加深对自我的认识，但两者都有其缺陷。**自我反思不足以帮助个人理解自己心理的真实本质，因为这种反省很难逃脱自己固有的思维模式。**而他人反馈的不足之处，是在于大多数人只能看到你的行为，而无法看到你的内心活动，并且并非每个人都具有对人的洞察力，因此他人反馈更多的是他人对你所展示出行为的感受，这种感受还带有很强的个人色彩，仅此而已。*

通过测评工具来帮助自己加深对自我的认识，有两个方面的好处：一是建立一个完善的识人框架，基于一定的框架结构进行反思，可以帮助你看到很多游离在你视线之外的个人特点；二是测评结果是基于大数据的常模对比，因此可以看到自己的某种倾向性在人群中的强度。

人的个性多种多样，不同的学者和实践专家有不同的理论模型和评估工具。本书以CPI（Comprehensive Personality Inventory，全面个性测验）为例，帮助你探索了解自己多样化的个性特征，及其对行为的影响。

读者可以扫描后面提供的二维码，完成一个简版的测评获取评估报告，也可以通过禾思咨询的网站或公众号购买完整版测评账号，获取更为精准全面的评估报告。两种方式的报告在准确性上会有一定差异，但不管采用上述哪种方式，甚至使用其他特质理论的个性测评工具，都不影响阅读和践行后

续其他章节的内容。

笔者建议完成测评后再阅读后续的章节。

6.1 全面个性自测

CPI测评用自我陈述比较的方式，详细了解人的典型的行为方式和倾向。在开始作答前请仔细阅读并理解以下要求：

❶ 该测验不是考试，所有陈述没有正确或错误之分，请根据你的实际状态，而不是期望达成的状态来真实选择。

❷ 测验共有40个题目，作答没有时间限制，一般需要20分钟左右，请尽量选择不被打扰的时间段，一次性完成作答。

❸ 每个题目包含3个陈述，请根据3个陈述与自己符合程度进行排序，并从3个选项中选择符合的选项。3个选项为“最符合”、“相对不符”及“居中”。你可能会发现有些题目难以选择，这是正常的情况，请根据实际情况进行选择。示例如下：

三种情况	相对不符	居　中	最符合
我坚信未来会更好	●	○	○
我在帮助别人时感到高兴	○	○	●
我会直接拒绝别人不合理的要求	○	●	○

作答二维码

6.2 CPI测评说明

心理学研究将人的心理活动分成了“知—情—意”三种基本类型。CPI测评整合了学术和商业界专业的理论工具，以这三种类型为基础，根据人的心理活动对象的不同，划分了“思维—人际—意志”三方面的个性簇。其中“思维”是应对客观世界相关的个性，“人际”是处理人际关系方面的个性，“意志”则是关注于内在关系的个性。

语言是思维的载体，语言的缺乏也会限制思考。一般人之所以对自我和他人认识不清，主要原因并非缺乏人际敏感性，而是没有评价和描述人的框架和词汇量。CPI测评提供了“思维、人际、意志”三方面更加细致的39项个性特征，这些个性反映了人在面对不同刺激时的反应方式，可以对人进行精确的画像。这39项个性是：

- **思维方面：**乐观性、轻松性、稳定性、忧虑性、灵活性、分析性、理论性、严谨性、果断性、批判性、创新性、前瞻性与好奇心。
- **人际方面：**关怀性、活跃性、敏感性、坦率性、信任性、影响性、支配性、自在性、独立性、乐群性、民主性、归属性与公正性。
- **意志方面：**勇气性、抱负性、规则性、好胜性、精力性、责任性、谦虚性、成长性、效能性、自律性、主动性、自知性与坚韧性。

对个性的细分可以提高描绘人物的分辨率，但更多的个性指标带来的挑战是个人理解上的困难。不过这种困难实际上是我们对人的理解不足。如果我们不能辨别自己内在的细微差异，那么我们就很难去发展自

己或管理他人。基于这个原因，建议读者在阅读自己的报告时，认真参考附录提供的39项个性的解释说明，对这些概念的理解和区分，可以把我们对人的审视，从放大镜提升到显微镜的程度。

人是复杂的，因此这些维度划分只是一种视角下的框架。学术和商业界还有其他很多不同视角下的维度划分，这些划分与CPI的框架存在一定差异，但大同小异。本文的一些思想、原则和方法，总体来讲具有普遍的适用性。建议在阅读和解释个人报告以前，再回顾一下第5章的四项“个性基本理论”，因为这些理论是CPI工具开发的理论基础，也是阅读和使用CPI报告的理论基础。

基于个性的丰富多样性，CPI测评评估了39项个性，这些个性的组合，按照每项个性10个等级，就有10^{39}种，即使每项个性只区分高中低三个等级，也有3^{39}种。如同前面分析人的多样性时所述，这个星球上存在着的、存在过的、即将存在的所有人，都是独特的个体。我们可以从CPI测评中看到人们的多样性，而不是把人分成几种类别，你和别人是不一样的，当然别人和你也不同。

基于个性的发展分化性，CPI测评采用了迫选作答的方式，因为每个人在成长发展的过程中，必然会不断取舍和分化，因此这种迫选作答的方式，除了避免个体“伪装自己、高估自己”的倾向（社会称许性），更重要的作用在于帮助我们清晰地区分自己的内在特点，找到自己独特的长处和短处。从测评结果上看，每个人的39项个性得分都会有高分，也会有低分，每个人一方面都是“天生我材必有用”，但另一方面又是“黄金无足色，白璧有微瑕”。

基于个性的环境适应性，CPI测评的39项个性并没有好坏之分。比如勇气性，高分不一定好，低分也不一定坏。高勇气的人不怕得罪人，但人际关系可能也不太好；低勇气的人可能更受人欢迎，但都是以自我牺牲来迎合他人。只有当你的工作岗位需要经常直面人际冲突，并且敢于采取负面的行动时，勇气性的高低才会有好坏之分。**任何一种个性的过度使用或过度不使用，都可能会带来潜在的风险，因此建议以更加平和的心态来看待这些结果，而不是用以自夸或者自惭的心态来看待。**

基于个性的整合复杂性，CPI的39项个性测评结果可以预测个人的很多行为，揭示个人在工作和生活中的显著倾向。但我们需要看到在这些个性以外，个人内在的价值观、知识、技能和经验，以及所处环境的要求也会对我们的行为产生影响。个性所反映的，是你在没有外部环境要求，完全自主自发享受去做的事情的倾向。**在自我分析时，需要综合考虑这些因素，注意区分你真实的个性倾向，以及你实际表现出来的行为差异。**

动物在面临攻击时，会表现出逃跑、抵抗和装死的反应，同样人们在面临对自己的评价，尤其是某方面让自己感到“否定的不足”时，也常常会产生抵触、否认、愤怒的情绪，这是人的生存本能。但这种本能会阻碍自我的反思和成长。我们应该放宽心态，自问：“我的确是这样的吗？这样会有什么坏处？会有什么好处？”我们不能寄期望于获得一个全面、快捷和100%准确的个人诊断报告，来帮助我们立刻了解自己，因为这样的东西并不存在。在自我认知这件事情上，通过测验结果和自我认知的反复比较，在不断的自我反思和质疑中，我们才能获得真正的觉醒。

基于对CPI测评的基本了解，下一节将带领你结合你的测验结果，从不同角度做一些更加深入的自我分析。

6.3 自我分析

基于CPI测评结果的自我分析，主要有三个层次的剖析：第一个层次是，对个人单一个性的分析和认识，找到你的首要特质；第二个层次是，通过两两个性组合，来看到自己更多具体场景下的行为倾向；第三个层次是，基于多项个性的组合，分析自己可能的能力优势。

对这三个部分的分析，可以使用每个部分提供的表格工具，结合你的测评结果，以及附录中的维度解释说明，进行更进一步的反思。在认识自己这件事情上，自我反思虽然有其缺点，但结合测验结果的客观反思，依然是真正认识自己的必要手段。因此极为推荐使用相关部分的工具，花一些时间来做一些反思。

很多想要收获果实的人，在种植果树时不想种树根，只想种结果实的树枝；也不想经历细心照护的酷暑，只想直接进入丰收的秋天。对自己思维模式和行为习惯的觉察并非易事，对自我的认识不可能只通过一个测验就能获得答案。反思不仅是阅读本书时要做的事情，你更要在平时的工作生活中经常和及时反思，这才有助于了解你自己。

6.3.1 找到你的首要特质

所谓首要特质，是一个人表现最明显、与他人相比最典型的特质。在CPI的39项个性中，并非你的全部特点都会让人印象深刻，只有那些显著高于常人或显著低于常人的个性，才是你的首要特质，是明显区分你和其他人的个性。

对自己首要特质的分析，需要从你的测验结果中，选取出得分最高的10项，以及得分最低的10项进行分析。对这些首要特质的反思主要有三个方面的问题。

1. 真实情况：我的实际情况与这一结果所揭示的行为倾向相符吗？我在工作和生活中这方面的实际表现是怎么样的？

反思这一问题的时候，请注意不要去想自己“应该”怎么样，而是去探究自己“本来”是什么样的。我们可能会难以接受自己身上的某些特征，但这些思维模式和行为习惯是的确存在的。放开心态去思考真正的自己，才能真正地认识自己。

比如有的人测验结果显示“信任性”得分很低，表明不太容易相信他人。首先这并没有什么好坏之分，在思考自己这方面的特点时，不用去想是否应该相信他人，这是发展部分才需要思考的问题。此时需要参考附录的维度解释自问：“我通常会容易相信别人吗？”“我在处理人际问题的时候会很警惕吗？”自己在这些问题上的回答，就是你对自我的认识。

2. 享受场景：在个性特征方面，什么场景下感觉最享受？即使没有任何人安排，我也会自主地采取这方面的行动吗？

人们总是会寻求满足自己的个性需求：做自己喜欢做的事情，不做自己不喜欢的事情。比如支配性高的人，就比较喜欢发号施令，在别人都服从自己的意志时感到最开心；再如乐群性低的人，就比较喜欢独处，就算长时间自己一个人待着也不会感到孤独；或者抱负性高的人，喜欢给自己设定具有挑战性的目标，尤其享受数量化的成就和结果。

任何一件事情都有两面性，每项个性特征既有享受的场景，也有难受的场景。

3. 难受场景：在这项个性方面，我在什么场景下感觉最难受？我会尽量避免这些事情，但当不得不做的时候，我的内心感觉也会不太舒适。

比如支配性高的人，如果别人不听他的就会感到很难受；而乐群性低的人，如果总是被要求经常与他人在一起，而没有自己独处的时间，也会感觉不舒服；或者抱负性高的人，在看到别人不愿意挑战自我，降低工作标准时，也会很难受；独立性高的人不愿意被别人干涉；影响性高的人不想停止说话；自在性低的人不想跟陌生人关系太近。每项个性都会有让自己感到难受的工作和生活的场景。

请根据你的测验结果，首先选取得分显著较高的10项个性填入表6-1。并尝试反思上述三个问题，把你的思考填写在表6-1中。

表6-1 得分较高的首要特质

序号	突出项	得分	反思
1			真实情况：
			享受场景：
			难受场景：
2			真实情况：
			享受场景：
			难受场景：
3			真实情况：
			享受场景：
			难受场景：
4			真实情况：
			享受场景：
			难受场景：

（续表）

序 号	突出项	得 分	反 思
5			真实情况：
			享受场景：
			难受场景：
6			真实情况：
			享受场景：
			难受场景：
7			真实情况：
			享受场景：
			难受场景：
8			真实情况：
			享受场景：
			难受场景：
9			真实情况：
			享受场景：
			难受场景：
10			真实情况：
			享受场景：
			难受场景：

接下来请选取得分显著较低的10项个性填入表6-2中，同样对每项个性反思三个问题。

表6-2 得分较低的首要特质

序 号	突出项	得 分	反 思
1			真实情况：
			享受场景：
			难受场景：

（续表）

序 号	突出项	得 分	反 思
2			真实情况：
			享受场景：
			难受场景：
3			真实情况：
			享受场景：
			难受场景：
4			真实情况：
			享受场景：
			难受场景：
5			真实情况：
			享受场景：
			难受场景：
6			真实情况：
			享受场景：
			难受场景：
7			真实情况：
			享受场景：
			难受场景：
8			真实情况：
			享受场景：
			难受场景：
9			真实情况：
			享受场景：
			难受场景：
10			真实情况：
			享受场景：
			难受场景：

除了上述得分较高和得分较低的个性特质，其他得分居中的个性特质也同样是你内在心理特点的一部分，只是由于这些特质在你身上的表现并不如上述特质突出，因此对你造成的影响以及形成的印象，不如前述的那些个性强烈和深刻。你也可以结合自己的实际情况与测评结果，参照三个方面的反思问题，就其他个性进行更多的自我分析。

对自己某方面的单一个性特点的理解是容易的，但人是复杂的，对自己形成整体认识的第二层次，是将关联的个性组合起来分析，去探索个性组合所揭示的更多行为倾向。

6.3.2 个性组合分析

一项个性会对很多场景下的行为产生影响，而同一个场景中的行为，也会受到多项个性的影响。因此在理解单一个性的基础上，把两项能够指向具体场景的个性特征进行组合，就可以看到自己在特定场景下更加明确的行为倾向。

CPI的39个维度，两两配对共741种组合，但并不是任何两项个性的组合都有意义，因为有些个性极少在相同的场景中发挥作用。下面列举一部分常见的个性组合进行说明，你可以参照自己的测验结果，着重挑选查阅那些符合自己情况的组合。当然，对那些不符合自己情况的组合分析，也可以作为了解人的多样性的信息，增加对周围人的认识。

组合中的高分和低分的标准，以大于50分为高，小于50分为低。当你的分数处在中间水平略微偏高或偏低的程度时，个性组合的行为倾向在你身上可能不会非常强烈。如果分数高低的倾向更加明显，如高分项大于60分，低分项小于40分，这些个性组合的描述会更加符合你的实际情况。组合中的两项个性得分越极端，组合描述的倾向就越强烈。

你可以基于你的测验结果，从每个组合的四个描述中，在“□”处勾选跟你的分数一致的描述，以便后续做一些重点的分析和反思。

1. 抱负性–精力性

□ **高抱负性–高精力性**：对自己的事业有较高的要求，表现出雄心勃勃，愿意为了达成目标付出大量的努力，喜欢在大量的工作中寻求成就感。

□ **低抱负性–低精力性**：对自己设定容易达成的目标，不刻意去追求事业的成就，比较注重生活的品质，关注工作生活平衡，做自己感兴趣的事情。

□ **高抱负性–低精力性**：对自己有较高的要求，有较强的进取心，但不期望达成目标的过程占用太多的时间，更喜欢聪明的工作方式，而不是投入大量的时间。

□ **低抱负性–高精力性**：通常已经获取了自己想要的成就，对自己没有更高的要求，但依然愿意保持充实的生活方式，喜欢有大量的事情可以做的感觉。

2. 勇气性–关怀性

□ **高勇气性–高关怀性**：不担心得罪他人，敢于采取负面的行动，但同时也愿意帮助他人，既能坚持原则又会展现出对他人的体恤，爱憎分明。

□ **低勇气性–低关怀性**：不是特别愿意帮助他人，在自己和他人之间有较为清晰的界限，但会因为不愿意得罪他人，而采取折中妥协的处理方法：既不完全响应，也不直接拒绝。

□ **高勇气性–低关怀性**：倾向于关注事情多于关注他人的感受，在公事和私事之间有比较明确的界限，敢于采取行动做出不被欢迎的决定，常常表现得过于强硬和不近人情。

□ **低勇气性－高关怀性**：关心他人的感受，愿意尽己所能地为他人提供帮助，担心得罪他人，因此常常会忽略原则或做出牺牲，以取悦他人。

3. 独立性－支配性

□ **高独立性－高支配性**：不依赖他人，按照自己的想法做事，不太愿意被他人指示或要求，但同时期望他人听从自己的安排，作风比较强势，希望领导他人而非被他人领导。

□ **低独立性－低支配性**：依赖或服从他人的建议或要求，愿意放弃自己的想法，在团队中不会先入为主地把自己放在领导的角色，对成为团队的主导者没有太大兴趣，容易接受他人的领导。

□ **高独立性－低支配性**：坚持以自己的方式做事，因此在被领导时常常表现得比较固执，同时对于领导他人也没有太强烈的意愿，比较注重个人的思想和时间的自由，不想被他人管理也不想领导他人。

□ **低独立性－高支配性**：顺从上级或权威人物的主张，愿意放弃自己的做事方式和原则，以符合大家的期望，但在团队中期望树立领导威信，表现出领导他人的意愿，愿意服从也期望他人服从。

4. 批判性－信任性

□ **高批判性－高信任性**：面临意见分歧时会把人往好处想，对身边的人有较高的信任，相信他人是没有坏心的，但会质疑他人观点想法的正确性，展现出对事不对人的否定和批判。

□ **低批判性－低信任性**：在有冲突时不会轻易相信他人，对他人有较高的警戒性，认为他人的出发点并不总是好的，但不会对事情本身去刨根问底，展现出对人不对事的否定和批判。

□ **高批判性-低信任性**：除非经过思考，否则不会轻易相信他人的观点，哪怕是权威人物的观点也不会轻易接纳，有比较强的自我保护意识，很难被欺骗。

□ **低批判性-高信任性**：对他人持有信任的态度，相信人心向善，容易接受看似正确的观点，特别是对权威人物的看法容易接纳，比较容易被欺骗。

5. 效能性-谦虚性

□ **高效能性-高谦虚性**：对自己的领域有非常强的自信，相信自己能解决问题取得成功，但在他人面前除非被问及，否则很少主动提及自己的优势和成就。

□ **低效能性-低谦虚性**：对自己的能力缺乏信心，特别是在面临新的挑战时，会怀疑自己是否能把事情做好，但是会主动向他人展示自己过去取得的成就，有夸大自己的可能。

□ **高效能性-低谦虚性**：对自己的能力非常有信心，相信自己能够改变现状，也会经常向他人展现自己成功的经验，让人感觉有"迷之自信"。

□ **低效能性-高谦虚性**：对自己的能力缺乏足够的自信，时常会怀疑自己的能力，因此在他人面前表现谦虚，避免自己赞扬自己或提及自己的成功之处。

6. 影响性-自在性

□ **高影响性-高自在性**：表现出社交自信，自如应对各种社交场合和与陌生人的关系，并且在此过程中善于表达自己的观点，无论是闲聊还是正式沟通，都会表现出说服和影响的意愿。

□ **低影响性–低自在性**：既不喜欢参加陌生的社交活动，也不会在其中发表自己的观点和想法，不想在任何话题上去说服谁。

□ **高影响性–低自在性**：在陌生的人际环境中会表现得不太自在，不太会闲聊，在有明确的，特别是专业领域的主题时会很有影响力，否则会期望尽快结束社交活动。

□ **低影响性–高自在性**：会以非常自在的心态参与各种社交活动，但并不喜欢做太多的带有说服力和影响性的事情，是个从容的交往者，更善于倾听不同人的观点，而不是说服他们。

7. 责任性–主动性

□ **高责任性–高主动性**：主动承担职责内外的工作，不需要别人催促，表现出非常积极的做事风格，在做事过程中关注目标和结果，会竭尽全力地达成目标。

□ **低责任性–低主动性**：关注自己领域应该做的事情，如果是分外之事或未被安排，不愿意主动参与，对工作和任务计划持有灵活的态度，在执行过程中接受或采取折中妥协的方案。

□ **高责任性–低主动性**：做事关注结果，会竭尽全力地兑现自己的承诺，确保目标的达成，但如果不是分内之事或被明确要求，一般情况下不会做过多承诺。

□ **低责任性–高主动性**：经常主动承担分外的职责，主动找事情做，知道自己应该完成的事情，但常常不能履行承诺，难以要求自己遵循计划达成目标，表现为虎头蛇尾。

8. 民主性－果断性

☐ **高民主性－高果断性**：非常愿意征询他人的想法，愿意通过与别人磋商得到更好的问题解决办法，一旦大家发表完自己的看法，会当机立断地做出决定，但因为要征询意见，所以决策时间略长。

☐ **低民主性－低果断性**：不会花费太多时间来听取他人的想法，但自己在面临问题时会比较犹豫，特别是信息不全时会难以决策，会花费很多时间在信息的收集和分析上，做决策的时间比较长。

☐ **高民主性－低果断性**：做决策比较犹豫，非常依赖于团队集体或他人的建议，常常会广泛地征询大家的想法，以民主的方式达成决策，花费很多时间在征询意见上，做决策可能非常慢。

☐ **低民主性－高果断性**：自己对问题有果断的决策，即使面对信息不完整也可以做出决定，除非刻意营造团队对目标的认同感，否则不会花太多时间征求大家的意见，决策速度非常快。

9. 敏感性－灵活性

☐ **高敏感性－高灵活性**：喜欢探索他人的内在想法，并根据他人的喜好和诉求来灵活表现自己，采取有针对性的行动，以适应不同的环境要求。

☐ **低敏感性－低灵活性**：对他人的想法不感兴趣，不愿意花时间来分析他人的意图或特点，也拒绝改变自己来迎合他人的想法，在不同的环境中保持行为的一致性，不因他人而变化。

☐ **高敏感性－低灵活性**：能够清晰准确地理解他人的想法和诉求，具有比较坚定的自我，即使自己已经清楚了解了他人的想法，也很少改变自己的言行以迎合他人的预期。

☐ **低敏感性-高灵活性**：对探索他人的想法和特点不感兴趣，但是可以在他人的要求下，或根据自己的理解来做出改变，在不同的环境中表现出不同的行为方式。

10. 轻松性-忧虑性

☐ **高轻松性-高忧虑性**：心境通常处于轻松自在的状态，不会有太多的压力，只是在面临一些重大的事情时，会担心出现错误，喜欢提前采取行动规避风险，表现为“里嫩外焦”。

☐ **低轻松性-低忧虑性**：长时间地处在一种紧张严肃的心境中，不容易放松自己，但这种紧张感并不会转化为对问题风险的担心，面对重要事情仍然倾向于现场应对，表现为“里焦外嫩”。

☐ **高轻松性-低忧虑性**：面对各种情况会保持轻松自在，很容易放松下来，即使在面临重大事情时也不会感到紧张或者焦虑，不担心问题的风险，表现得“怡然自得”。

☐ **低轻松性-高忧虑性**：经常感到紧张和有压力，严肃地对待各种事情，难以保持心情的平静，在面临重大事情时常常会担心出现风险，显得非常忧虑，经常感觉“泰山压顶”。

11. 乐群性-归属性

☐ **高乐群性-高归属性**：期望被团队中的其他人所接纳和认同，希望一直有人陪伴，喜欢参加朋友聚会，难以忍受自己一人独处，避免成为游离于团队之外的孤独者。

☐ **低乐群性-低归属性**：无须他人陪伴也能自在独处，对获取他人的认同来建立团队的归属感的需求不强烈，可以单打独斗，白我认同。

- □ **高乐群性-低归属性**：喜欢有他人的陪伴，不喜欢自己一个人独处，但这种相处并不一定要特别深入，或凝聚成紧密的团队，特别是在工作中被他人接纳或者认同的需求不强烈的时候。
- □ **低乐群性-高归属性**：享受独处，宁愿自己一个人待着，但是在选择工作时期望能够被团队所接纳和认同，期望自己作为优秀团队中的一员来做事。

12. 稳定性-坚韧性

- □ **高稳定性-高坚韧性**：具有面对困难、挫折、委屈的韧性，不容易受到外在的伤害，即使感到沮丧也会努力克制自己的情绪表现，在逆境中也很少意志消沉。
- □ **低稳定性-低坚韧性**：容易感到被冒犯，在遭受挫折时会及时宣泄心中的不快，容易因为他人的批评、误解而受到伤害，情绪波动会比一般人更大。
- □ **高稳定性-低坚韧性**：自尊心比较强，在面临挫折、委屈或冒犯时，虽然表面看起来情绪稳定，没有强烈反应，但内心很受伤，会为了维护自尊而轻易放弃。
- □ **低稳定性-高坚韧性**：对挫折、委屈的忍受力较高，不容易受到其他人的言语伤害，虽然情绪表现会比较直接，但较少因为自尊心受到伤害而情绪低落。

13. 严谨性-规则性

- □ **高严谨性-高规则性**：严格按照规则和流程行事，关注问题的细节，在每个方面尽量做到事无巨细，对不按照规则办事和忽略细节的做法感到无法容忍。

☐ **低严谨性－低规则性**：经常扮演规则的打破者，对处理细节性的工作也不感兴趣，如果没有惩罚或舆论监督，会经常在一些细节上采取不符合规范的行动。

☐ **高严谨性－低规则性**：做事比较小心细致，会以自己的方式，而不是外在的规定，确保事情不在细节上发生错误。

☐ **低严谨性－高规则性**：遵守一般性的规则和流程，但如果这些规则过于琐碎，需要处理细节性的内容太多，也会感到厌烦。

14. 成长性－自知性

☐ **高成长性－高自知性**：注重对内的探索，经常反思自我，了解自己的优势和不足，投入时间精力学习新知识，追求个人的能力成长。

☐ **低成长性－低自知性**：相比较于自我反思，对外在事物的思考更多，不注重刻意的学习，而是在具体的经验中实现个人的成长。

☐ **高成长性－低自知性**：重视自己持续的学习和进步，在学习新知识时体验到快乐，但在学习方式上较少采用自我反思的方式。

☐ **低成长性－高自知性**：经常反思自己，会看到自己的能力优势和不足，但在成长上相对被动，依靠经验会多于刻意的学习。

15. 分析性－理论性

☐ **高分析性－高理论性**：基于对具体事实和数据的分析得出结论，擅长将数据、信息、场景等信息进行理性的分析和归纳，得到抽象的理论和模型。

☐ **低分析性－低理论性**：考虑问题更多注重直觉的感受而不是具体的分析，不喜欢数字类的工作任务，对需要解决的具体问题感兴趣，而不是大而全的理论。

- □ **高分析性－低理论性**：注重对问题具体细节的分析，从数据统计分析中发现问题，基于事实分析考虑问题，比较关注具体的痛点，而非形成体系全面的抽象理论。
- □ **低分析性－高理论性**：不太注重对具体数据和事实的分析，不喜欢处理数字性的分析，但是擅长进行形而上的思考，常常对由直觉产生的理论体系感到有兴趣。

16. 好奇心－自律性

- □ **高好奇心－高自律性**：虽然对多样化的事物感兴趣，但也能保持对自我的控制和约束，避免这些因素对自己的干扰，有节制地接触了解新的东西。
- □ **低好奇心－低自律性**：能够忍受重复的事情，但个人会有一些固定的嗜好，这些嗜好会影响个人对事情的专注，容易分心。
- □ **高好奇心－低自律性**：对多样化的事物感兴趣，并且由于对自我的约束和控制较少，因此很容易被各种事物吸引，很难长期保持对某一事物的专注。
- □ **低好奇心－高自律性**：对多样化体验的需求不强烈，并且对自我的约束控制力强，因此比较容易对自己从事的领域保持长时间的专注，不容易被多样化的事物分心。

17. 抱负性－好胜性

- □ **高抱负性－高好胜性**：对自己有高的目标要求，期望不断超越他人的期望，做得比别人更好，在竞争中胜出，既要超越自我，也要超越他人。

□ **低抱负性-低好胜性**：为自己设定可以达成的目标，对个人的现状感到满意，不想跟别人直接竞争，注重参与而并非一定要赢。

□ **高抱负性-低好胜性**：对自己有很高的要求，期望自己能取得更高的目标，但并不想和别人去比较或竞争，不喜欢竞争性的活动，更多的是自我超越，而非超越他人。

□ **低抱负性-高好胜性**：不会主动为自己设定更高的目标，对自己没有太多要求，但不想看到别人超过自己，喜欢在竞争和比较中寻求胜利的感觉。

18. 创新性-前瞻性

□ **高创新性-高前瞻性**：关注长远目标，着眼于未来思考各种可能的创新方法，为了达成更长远的目标不惜犯错也要尝试新的方法。

□ **低创新性-低前瞻性**：关注当前的目标而不是虚无缥缈的未来，思考用切实可行的方法解决当前的问题。

□ **高创新性-低前瞻性**：不断尝试用更好的方法来解决问题，由于不太关注长远目标，因此会基于存在的问题进行创新，而非基于未来的目标创造新方法。

□ **低创新性-高前瞻性**：考虑长远目标，但更希望能用稳定可靠的方法来达成目标，而不愿意尝试错误。

19. 勇气性-坦率性

□ **高勇气性-高坦率性**：根据自己的想法直接采取行动，有话直说，面临分歧时敢于直接表明自己的不同意见，不在意是否会得罪他人或让他人不喜欢。

□ **低勇气性-低坦率性**：担心不受欢迎而避免做出一些负面的行为，

在面临意见分歧时，会比较委婉地表达自己的看法，或避免直接指出别人的问题而导致关系紧张。

- □ **高勇气性-低坦率性**：不会直接表明自己的不同意见，或直接指出他人的错误，但如果突破了个人底线，也会非常直接地采取负面的行动处理问题，而不会担心得罪他人而导致关系破裂。
- □ **低勇气性-高坦率性**：对于自己熟悉的人，在自我评估不会伤害他人的情况下，会直接表明自己的不同看法或指出别人的错误。

20. 其他组合

个性之间的组合非常多，除了上述详细的组合分析，还有一些有趣的组合，也会对人们的行为产生较大的影响。

- □ **高影响性-低谦虚性——自我夸耀**：富有影响力的方式，主动展示自己的成就和优势，通过实践案例来证明自己，常常很有说服力。
- □ **高影响性-低敏感性——自说自话**：不太关心别人的特点和想法，但又喜欢说服和影响他人，常常会脱离听众的需求，讲自己想讲的，而不是讲听众想听的。
- □ **高公正性-低抱负性——不患寡而患不公**：期望得到公平公正的对待，就算不能实现更高的目标，获得更多的成果，也会制定公平的方案来处理问题。
- □ **高活跃性-低自在性——强颜欢笑**：在陌生环境中不太自在，但会调动自己表现得比较积极活跃，在熟悉的环境中可能会更加积极，不是非常擅长关系的开拓，更加擅长关系的维护。
- □ **低乐观性-高忧虑性——忧心忡忡**：认为未来不一定会变得更好，并且在面临重要事情时会担心可能的风险，总是显得忧富有忧患意识。

- ☐ **高支配性－低民主性——霸道总裁**：在团队中表现强势，不想听取太多人的意见，期望别人服从自己的意志，享受成为团队领袖的感觉。
- ☐ **低自律性－高独立性——放任自由**：难以自己控制自己，容易被外在诱惑而不能专注，并且不愿意受他人的干扰和约束，自己管不住自己，也不想要别人管，因此比较容易放任自己。
- ☐ **高责任性－高精力性——推土机**：关注目标结果的达成，对承诺或计划的事情不打折扣，并且有旺盛的精力投入到这些事情当中，推动事情的进展。
- ☐ **高自在性－高活跃性——交际达人**：在各种社交场合表现自然，与陌生人也自如交流，在人群中活跃健谈，成为大家注意的焦点。
- ☐ **低信任性－低果断性——难以取信**：在面临人际决策的时候总是期望有更多的证据，不容易相信他人，认为他人有不良的企图，涉及对人的决策时会非常慢。
- ☐ **高创新性－高好奇心——思维发散**：对常规的、例行的事情不感兴趣，总是在追求体验新的事物，采用新的方法来解决问题，思维非常发散。
- ☐ **高严谨性－高规则性——按部就班**：遵循规则和流程处理事务，在处理过程中关注细节，反复检查以符合规范要求。
- ☐ **高批判性－高理论性——高屋建瓴**：对问题有深入的洞察，在不断的质疑和否定中，总结提炼问题的基本规律和趋势，构建统领性的框架。
- ☐ **低影响性－低支配性——随便，都可以**：不想表现得太强势，也对改变他人想法的兴趣不大，随便别人怎么做都可以。

在了解了这些组合对行为的影响后，你需要通过反思来加深对自我的认识。首先要从上述的90条组合中，挑选出符合自己测评结果的组合，并进一步从这些组合中，找到令你印象深刻的个性组合。

令你印象深刻的原因，可能是之前从来没有想到自己是这样的，也可能是终于想明白了平时为什么会那样做。但只是印象深刻还不够，最好能够去感受自己在那些情景下的心理过程，觉察自己内心深处的思维模式和习惯。在此基础上，你可以进一步反思这些个性组合对你的影响，包括正面积极的影响和负面消极的影响。

1. 这些令你印象深刻的组合，对你有什么好的影响?

按照第5章中“环境适应性”的理论，任何一种个性的组合，都有可能给你带来积极的影响，请想想这些组合对你的正面影响是什么，会给你带来什么好处。

2. 这些令你印象深刻的组合，对你有什么坏的影响?

这些个性组合有好的影响，也有坏的影响。结合你的工作和生活，想想这些组合在哪些情况下给你带来了挑战，产生了负面的影响。请把你对个人正面和负面的反思，填入表6-3中。

表6-3　对个性组合的反思

序　号	个性组合	反思：对个人的影响
1		正面影响：
		负面影响：
2		正面影响：
		负面影响：
3		正面影响：
		负面影响：

（续表）

序　号	个性组合	反思：对个人的影响
4		正面影响：
		负面影响：
5		正面影响：
		负面影响：
6		正面影响：
		负面影响：
7		正面影响：
		负面影响：
8		正面影响：
		负面影响：
9		正面影响：
		负面影响：
10		正面影响：
		负面影响：

6.3.3 能力倾向分析

按照第5章个性基本理论第四条“整合复杂性”的原理，人们的能力虽然不完全由个性决定，但是个性在能力的形成发展中会起到重要影响。因此一些相关联的个性组合，通常会决定个人的能力优势与短板。下面列举了9项关键能力指标及其核心组成个性，结合自己的测验结果，计算并分析自己在不同能力素质上的强弱倾向。

需要注意，这里计算出来的分数，是你在这个能力方面的潜力倾向：有可能虽然有某方面的潜力，但不注重学习沉淀，潜力未能被发挥出来；也有可能虽然潜力很低，但通过后天的努力，依然可以发挥出较好的能力。但总体来讲，你的这些能力倾向，会受到其中个性潜力的很大影响。

成就动机（不断挑战自我超越他人）=（抱负性 + 好胜性 + 精力性）÷ 3= ________

结果导向（克服阻碍达成预期目标）=（责任性 + 精力性 + 勇气性）÷ 3= ________

成熟稳重（控制自己的言行）=（稳定性 + 自律性 + 坚韧性）÷ 3= ________

理性思考（理性地分析思考问题）=（分析性 + 批判性 + 理论性）÷ 3= ________

策略思维（策略性地考虑完成目标的方案）=（理论性 + 前瞻性 + 创新性）÷ 3= ________

人际勇气（直面冲突处理人际问题）=（好胜性 + 勇气性 + 坦率性）÷ 3= ________

关系建立（主动与他人结交建立联系）=（自在性 + 活跃性 + 敏感性）÷ 3= ________

合作支持（融入团队为他人提供支持帮助）=（民主性 + 乐群性 + 归属性）÷ 3= ________

说服影响（说服和影响他人接受自己的观点）=（影响性 + 敏感性 + 支配性）÷ 3= ________

说明：计算出的得分可以分为五个等级，如表6-4所示。

表6-4 五个等级

等级一	等级二	等级三	等级四	等级五
35分及以下	36～45分	46～55分	56～65分	65分以上
几乎不可能是个人强项	不太可能是个人强项	可能是个人强项	相当可能是个人强项	非常可能是个人强项

通过第二部分的介绍，读者对人的各种属性、人性理论和自己的特点有了比较全面的认识，基于这些认识个人可以逐渐有自我的觉醒。在下一部分，我们将把自己放入组织和社会之中，探索岗位和个人使命对个人提出的角色要求。

PART 3

第三部分

*

角色的分析

人生如戏，每个职场人都会处在一个舞台上扮演着特定的角色。但是由于个人天赋的不同，以及角色要求的各异，有的人适合扮演一种角色，有的人适合扮演另一种角色。对角色的认识，是成长力觉醒的第二个重要部分。**如果说自我是个人发展的出发点，那么角色则是个人发展的落脚点。自我的满足会给个人带来愉悦，而角色的履行则会赋予个人以意义。**虽然角色可以被分为不同的类别，但个人需要结合自己的激情和期望满足的需求，去找到值得自己努力终身的角色，即自己的使命，这是我们追求职业幸福必经的途径。

第三部分包括三个章节，论述的主要内容是：

第7章：从岗位具有的两重性质出发，分析常见的11类典型职业的职责要求，以及团队成员在团队中所承担的9种角色类型。

第8章：从典型工作任务出发，引导读者分析自己当前所在岗位的关键活动及其个性特质要求，发现个人与岗位的关系。

第9章：跳出当前岗位，结合个人的激情与外部的需求，兼顾快乐和意义，找到自我的职业使命，这是指引个人发展的终极目标。

第 7 章 不同岗位的角色要求

个人能力的局限性，会由人们所构成的组织来弥补。组织之所以会产生比个体更大的优势，在于个人相互之间的分工与协作。由于工作内容存在差别，且个体被归属于特定的团队，因此每个人所承担的岗位都有两重角色：一是履行具体岗位工作任务要求的职业角色；二是在一个团队中承担非职责要求的团队角色。

7.1 典型职业的角色要求

不同的职业有不同的核心职责，履行这些职责要解决的核心问题也各有不同。在相同的职业上，虽然不同的人可能会有自己独特的一些特点和方法，但通过对大量优秀人才数据的分析可以发现，那些在相似岗位上表现优秀的人，往往都会有很多共性特征。

比如经统计发现，能够在销售岗位上表现优秀的人才，大多数都不惧怕与陌生人相处，可以很快与陌生人打成一片，表现出很高的自在性。虽然也有少数自在性低的销售人才表现得优秀，但他们往往在一些重要的“销售特质”上表现得更为突出。对大量优秀人才进行数据分析，可以避免个案的误差，找到这类岗位的核心成功基因。表7-1是11类常见的职业类别，通过数据分析分别挑选了10项对这些职业产生重要影响的个性，这些个性是履行这些职业角色要求的关键特质。

表 7-1　11 类常见的职业类别

序　号	职业类别	角色要求
1	研发设计	广泛关注相关领域，通过对问题进行深入的分析，总结提炼规律和原理，探索面向未来的新颖技术或方案，坚持正确的方向，保持对所研究课题的专注和自我提升
2	生产运营	分析生产和运营中的数据，以发现机会点和风险点，主动发起多方参与的沟通协调，灵活应对各种挑战，改进生产运营中存在的问题，以最终对生产运营的结果负责
3	市场推广	洞察产品或服务的独特性质，基于共同的目标建立广泛的合作关系，采用多样化的策略推广自己的产品或服务，以不断超越竞争对手达成更高的目标
4	销售开拓	主动与相关方建立关系，基于对他人内在特点和需求的理解，有效说服对方接受自己的产品或服务，自我驱动实现更高的业绩目标，勤奋刻苦，不因困难和挫折而泄气
5	服务支持	积极主动地融入团队，为前线部门或团队提供自己力所能及的帮助和支持，充分考虑问题的细节和风险，确保按照既定要求完成工作，以实现对前线工作的支撑
6	专业技术	精通某一方面的专业技术，按照专业规范来开展工作，基于严谨和自律的态度审视所有可能的风险，重视他人的意见，虚心求教以持续提升自我的专业性
7	人力资源	解决组织业务发展中人的问题，基于对人性的深入理解，灵活满足不同对象的诉求，秉持公正和诚信的原则，成熟稳重地处理各种复杂的人际问题
8	经营创业	不满足于既有的成就，看到长远的方向和机会，自信果断地舍弃眼前利益，充满激情地开创获取长远收益的事业，并调动周围的人与自己一同实现目标
9	咨询规划	面对不确定性，从长远目标出发，广泛、系统而深入地分析现状，提出更具挑战性和创新性的概念或方案，并有效地向他人说明和推荐这些方案，以获得他人的认同
10	社会公益	以积极阳光的心态来看待问题，基于人性本善的信念采取行动帮助他人，喜欢与他人在没有压力的情况下融洽相处，一起商讨做事的方式，并从中获取多样化的生活体验
11	风险控制	维护组织的流程和原则，严谨细致地分析潜在的风险和背后的原因，指出他人的错误和问题，果断采取行动处理不合规的行为或个人，以身作则确保公平和正义得到伸张

可根据你的个性得分，计算你在不同职业角色上的倾向：

研发设计 =（稳定 + 分析 + 理论 + 批判 + 创新 + 前瞻 + 好奇 + 独立 + 成长 + 自律）÷ 10= ________

生产运营 =（忧虑 + 灵活 + 分析 + 果断 + 坦率 + 影响 + 支配 + 责任 + 自律 + 主动）÷ 10= ________

市场推广 =（批判 + 创新 + 好奇 + 活跃 + 敏感 + 坦率 + 影响 + 支配 + 抱负 + 好胜）÷ 10= ________

销售开拓 =（活跃 + 敏感 + 影响 + 自在 + 勇气 + 抱负 + 好胜 + 精力 + 责任 + 坚韧）÷ 10= ________

服务支持 =（稳定 + 忧虑 + 灵活 + 严谨 + 关怀 + 信任 + 归属 + 责任 + 谦虚 + 坚韧）÷ 10= ________

专业技术 =（忧虑 + 严谨 + 创新 + 坦率 + 民主 + 规则 + 谦虚 + 成长 + 自律 + 主动）÷ 10= ________

人力资源 =（稳定 + 忧虑 + 灵活 + 理论 + 敏感 + 坦率 + 自在 + 公正 + 责任 + 自知）÷ 10= ________

经营创业 =（果断 + 前瞻 + 敏感 + 影响 + 支配 + 独立 + 勇气 + 抱负 + 精力 + 效能）÷ 10= ________

咨询规划 =（理论 + 批判 + 创新 + 前瞻 + 好奇 + 敏感 + 影响 + 抱负 + 精力 + 效能）÷ 10= ________

社会公益 =（乐观 + 轻松 + 忧虑 + 好奇 + 关怀 + 信任 + 独立 + 乐群 + 民主 + 公正）÷ 10= ________

风险控制 =（忧虑 + 严谨 + 果断 + 批判 + 坦率 + 公正 + 勇气 + 规则 + 责任 + 自律）÷ 10= ________

你在这11类职业角色上的匹配度，可以分为6个等级：

30分及以下：极低潜能　　31 ~ 40分：低潜能
41 ~ 50分：中低潜能　　51 ~ 60分：中高潜能
61 ~ 70分：高潜能　　70分以上：极高潜能

在这些典型职业上的匹配度，**一方面，反映自己在某些职业方向上会更有潜力；另一方面，是指个人可能会采取某些职业典型的风格，来处理自己当前职业的问题。**比如有的人力资源从业者的行事风格非常像一个销售员，有的企业家的工作风格带有很强的销售开拓工作者的特点。

需要注意，这些典型职业的角色定义是通过数据分析来发现共性规律，但由于具体的岗位有其特殊性，会受到组织规模、文化和行业等因素的影响，因此本部分典型职业角色要求的分析，仅提供一个相对标准的参考。另外对于那些正在探索职业转变的读者，可以帮助其拓展对不同职业角色要求的认知。针对目前岗位独特的个性特质要求，将在第8章提供相应的工具进行更准确的分析。

7.2　团队角色分析

除了履行岗位的职责，每个人都会处在一定的团队中。在团队中，每个人都承担一些角色：有的人是领导者，有的人是骨干，有的人是团队成员；有的人负责生产研发，有的人负责市场营销，有的人则管理支撑机构。这些正式的角色会受到分工、权力、地位等影响。除了正式分工产生的角色，团队成员还会承载一些非正式的角色。

在一个团队中，有些人倾向于出点子，有些人擅长对外联系，有些人经常活跃团队氛围，这些非正式角色更多会受到性别、年龄，尤其是团队成员内在个性特点的影响。通过CPI中39项个性的组合，可以得到9

种常见的团队角色。这9种角色突出的优势，以及在团队中倾向于承担的功能如表7-2所示。

表7-2　9种常见的团队角色

序号	角色	突出优势	承担的团队功能
1	检察官	刚正不阿	遵循规则，坚持正义和原则，直面人际冲突，勇于指出他人的错误
2	指挥官	力挽狂澜	独立、自信、果断地做出判断，领导他人按照自己的想法采取行动
3	外交家	说服影响	自信积极地拓展人际关系，了解人心，主动宣传自己的想法说服别人
4	开心果	轻松愉悦	看到事情积极乐观的一面，乐于与人相处，营造轻松愉悦的团队氛围
5	挑战者	挑战现状	着眼于长远，不满足于现状，主动挑战自我，期望超越自我和他人
6	苦行僧	勤奋精进	谦虚好学，注重自省以看到自己的不足，勤奋工作和学习，以提升自我
7	智多星	出谋划策	深入系统地分析问题，基于广泛的探索和总结创造性地解决问题
8	凝聚者	人文关怀	性情平和，信任并支持他人，尊重团队成员意见，塑造团队归属感
9	执行者	推进执行	克服内外部困难，关注细节和风险，不惧挫折，始终关注目标的达成

可根据你的个性得分，计算出你更有可能在团队中承担的角色：

检察官 =（坦率性 + 公正性 + 勇气性 + 规则性）÷ 4= ________

指挥官 =（果断性 + 支配性 + 独立性 + 效能性）÷ 4= ________

外交家 =（活跃性 + 敏感性 + 影响性 + 自在性）÷ 4= ________

开心果 =（乐观性 + 轻松性 + 灵活性 + 乐群性）÷ 4= ________

挑战者 =（前瞻性 + 抱负性 + 好胜性 + 主动性）÷ 4= ________

苦行僧=（ 精力性 + 谦虚性 + 成长性 + 自知性 ）÷4= ________

智多星=（ 分析性 + 理论性 + 批判性 + 创新性 + 好奇心 ）÷5= ________

凝聚者=（ 稳定性 + 关怀性 + 信任性 + 民主性 + 归属性 ）÷5= ________

执行者=（ 忧虑性 + 严谨性 + 责任性 + 自律性 + 坚韧性 ）÷5= ________

你在这些角色上的倾向性可以分为三类，揭示了你在团队中可能承担的角色：

- **主导角色**：得分超过70分的角色，是个人在团队中最有可能承担的角色。
- **辅助角色**：得分在50分及以上，但不到70分的角色，是个人在团队中可能承担的角色。
- **从属角色**：得分小于50分的角色，是个人在团队中很少承担的角色。

从原则上讲，一个团队的正式角色需要具有功能的完整性，即团队的角色分工涵盖了团队所有的工作任务；非正式角色需要有行为方式上的互补性，即团队具有各种不同的角色来相互匹配。实际上，前一种正式角色往往被重视，而后一种非正式角色则常常被忽视。打造互补型团队的原则方法将在第11章论述。

从个人角色认知的角度，综合上述两个部分的分析，如果一个人既能匹配职业角色的要求，又能在团队中承担对团队有价值的角色，那么他更能融入其中做出自己的贡献。分析你的两种角色，思考以下2个问题：

- 你的职业角色倾向与当前的岗位匹配吗？哪些方面不匹配呢？你在工作中喜欢和讨厌的事情都有哪些？
- 你的团队角色倾向在团队中是必须的吗？与其他人是否可以相处融洽？可以为团队创造价值吗？

世界上没有相同的两个岗位，对自己岗位角色的要求，最好量体裁衣，进行更有针对性的分析，从个人的工作任务出发，探索自己的岗位对自己的角色要求。

第 8 章

分析岗位角色要求

每个人都有自己的独特性，我们不可能通过模仿把自己变成另外一个人。每个人的岗位也有自己的独特性，别人能做成的方法对你不见得有用。要在自己的岗位上成就卓越，就要了解自己的岗位角色要求，而这应从了解岗位的独特性开始。

8.1 岗位的独特性

任何群居的物种都存在分工，人类社会更是如此。社会化大生产的分工使我们的职业工作范畴越来越聚焦，越是发达的社会，职业的划分也就越细致。比如这些你可能听过，但从未见过的职业，就是社会分工的结果：煤田灭火工、房屋鉴定师、职业试睡师、程序员鼓励师、职业神秘客……

这种职业的细分，是社会进步的标志之一。**一家企业的组织效率极大地依赖于其内部诸多岗位设置的有效性：让一个岗位尽量多地从事相对独立和成体系的事情，最能提升个人和组织的工作效率和产出。**任何一个有效设置的岗位，都不会对人提出全能的要求：一方面并不存在这样全能型的候选人能达到这样的要求；另一方面全能型岗位在企业中并不是最有效的岗位设置方式，至于无效的原因，将在第11章中论述。

无论是何种行业，大型的现代组织不可能完全避免采用官僚结构来设置组织的结构。因此在不同的组织内，常常可以听到相似的岗位名称，比如产品经理、客户经理、人力资源总监、CEO等。这些名称的雷同，常常会误导人们对具体岗位角色要求的误解。在一家大型上市公司担任CEO，和在一家创业公司担任CEO，是两个完全不同的角色；同样是上市公司CEO的岗位，在快消行业和制造行业，也有巨大的差别；即便同是快消行业，卖啤酒和卖白酒也不同；甚至是两家业务完全重叠的竞争性组织，由于团队匹配、区域地理、对外合作等因素的不同，对其CEO角色的要求也会存在差异。

工作岗位对个人有限且独特的要求，使我们既有可能，也有必要去分析岗位的核心职责，找到岗位成功的关键要求，用于指导个人的成长发展。如第5章中论述环境适应性时谈到的，脱离岗位要求的背景，谈论任何个人的优势和不足都是不成立的，因为没有什么会是绝对的优势或者短板。判断自己和岗位的匹配程度，找到自己需要成长的方向，就需要根据自己的情况做具体的分析。

8.2 找到岗位成功的基因

分析岗位角色的要求，主要流程包括三步。

➤ **找到典型任务**：工作中最经常出现、最有价值的工作任务有哪些？

➤ **分析关键活动**：完成这些任务需要具体做哪些重要的事情？

➤ **明确个性需求**：在解决这些事情的过程中，什么样的个性是最有帮助的？

举个例子：某些销售岗位的一个典型任务是“客户关系开拓”。要履行这个任务，需要做的重要事情包括“快速接触新的客户，了解客户特点与需求”“与客户建立紧密的个人联系，融入客户圈子”。要做好这些事情，很明显高自在性和高敏感性会更有优势。基于CPI的数据分析显示，大部分优秀的销售人员，都同时具备这两个特点。尤其是获客能力对业绩达成尤为关键的销售岗位，高自在性的人更容易主动、自信地与各种潜在客户交往，达成更好的绩效结果。

再以产品经理为例，在完成“客户需求分析”这个任务时，需要做的事情包括：“设身处地考虑不同用户的使用需求和场景”，并且“归纳整理大家共性的需求形成一个普遍性的解决方案”。在这个过程中，敏感性和理论性的作用就会很大。统计数据显示，优秀的产品经理大多喜欢形而上的思维方式（高理论性），通过提取各种需求的共性，通过概念化和结构性的方案来满足潜在用户的需求。

对于有些岗位，某些特质的低分表现，往往会更有利于在岗位上取得成功。比如从事审计工作，那么在贯穿始终的“通过数字发现问题”的活动中，除了批判性、分析性的要求，低信任性也是一个促进成功的关键个性基因。因为审计岗位工作的出发点即是“怀疑”，认为他人会在任何可能的地方伪装、作假，那些本来就警惕性高（低信任性）的人，更有可能适应这样的岗位角色要求。

基于岗位任务的有限性，我们只需要找到自己岗位最重要的3个任务，以及每个任务下最重要的3件核心活动，并分析每个活动所需最关键的1～2项个性特质即可。由于不同活动所需的个性特质可能相同，最终分析出岗位角色要求的个性总数控制在15个左右为宜，另外可以有1～3个低分特质。

在分析过程中，尤其需要思考的是任务的本质要求，而不是表面的要求。比如领导岗位真的需要民主性吗？如果有一个管理者，他想好了要做一件事情，但是又担心大家不认可，所以把大家召集起来商量决议，最终大家一致认可要去做这件事情。这位管理者是高民主性，还是低民主性的？很明显这位管理者是低民主性的，因为他并没有让每个人的意见都体现在决策中的内在需求，而只是为了获得大家的认可，采取了高民主性的行为。在对很多优秀领导者的CPI结果分析中，可以发现只有很少比例的领导者会有高民主性的特质，但这并不妨碍大部分领导者知道如何通过民主的行动来赢得大家的支持。

对岗位关键个性基因的分析，需要有对事和对人很强的洞察力。就如同上边民主性的例子，如果不能理解个体内在的核心特质和外在的表面行为之间的差异，把这种相互冲突的事物融于一身，就根本不可能成为一位能够适应环境变化的成长者！这一主题将在第12章中做详细的说明。

基于上述的原因，在分析你的岗位角色的关键个性要求时，不要从表面去思考这个问题，而要深入地去问：这项要求，真的是核心本质的要求吗？有了这个思想认识，请使用表8-1、表8-2分析你当前岗位角色的要求。得出分析结果后，可以结合第9章对个人使命的探索，应用本书第四部分的指导原则，制订个人的学习发展计划。

你的分析不应该受到你自己测评结果的影响，我们的本能倾向于认为自己高分的个性是重要的，低分的个性是不重要的，这是一种自我中心的思维方式。请尽量客观地分析完成任务应该有的个性要求。

表 8-1 典型任务分析表

典型任务	关键活动	个性要求

将岗位角色要求分析的结果，和你自己的测评结果输入表8-2，分析你与岗位角色要求的匹配程度。计算方法为：每项个性要求得分超过60分，则计1分，否则计0分；如果有低分更好的特质，则低于40分计1分，否则计0分；最后用计分总和除以你分析出的个性要求总数，即可计算匹配度。

表 8-2 个性需求分数表

序号	个性要求	得分	计分	序号	个性要求	得分	计分
1				11			○
2				12			○
3				13			○
4				14			○
5				15			○
6				16			○
7				17			○
8				18			○
9				19			○
10				20			○

$$\text{匹配度}=\frac{\text{计分总和}}{\text{岗位个性要求总数}}\times 100\%=\frac{(\quad)}{(\quad)}\times 100\%=(\quad)$$

如果得分大于60分的项目超过70%，那么你与你现在所做的工作非常匹配；如果有50%～70%的匹配度，则你对你的岗位并没有兴奋感，但也能勉强要求自己继续坚持；如果匹配度在50%以下，可以预见你现在的处境很艰难。

现在是过去的终结，是未来的开始。我们对职业幸福的追求，不能只局限于目前岗位的角色要求，而要着眼于未来个人所期望承担的角色。如前所述，对自我的满足带来快乐，对他人的满足带来意义，而快乐和意义组成了幸福感。我们所追求的成长力觉醒，最终目标在于找到自己的职业幸福。而要实现这个目标，我们就需要思考另一个更加长远和宏大的问题，那就是“我的使命是什么？”我们只有找到了自己的使命，才能兼顾好快乐和意义的两难选择。

第9章 个人成长方向：寻找你的使命

如果你想领导大家建造一艘船，你会怎么做？

有的人会给大家明确地分工，有的人会设计好图纸，还有的人会制定合理的工作流程与时间计划……这些做法都是必需的，但并不是首位的。《小王子》一书的作者圣埃克苏佩里的回答更值得我们深省："如果你想建造一艘船，先不要把人们召集起来采集木材、分配工作和发号施令，而要引导他们向往浩瀚无边的大海。"

同样地，如果你想要实现个人的成长，你会怎么做？报名参加培训班认真学习？购买十本书籍深入研读？还是寻求他人的反馈给自己指明方向？这些做法也都没错，但并不是首要的事情。相比较于行动，方向更为重要：不要急于去奔跑，首先要找到自己的人生方向。

本书期望读者能够获得的，绝对不仅是学习的方法，而是在不断变化的环境中，在各种内外部的挑战下，能够找到追求职业幸福的方向和方法。 ***追求个人成长，绝不是一种工具性的目的，而是一种根本性的目的：成长不是为了赚更多钱，或者把事业做大，或者赢得他人的追随，这些都是成长的副产品。成长意味着个人的修炼，寻找自我与环境、他人的相互融合，最后达到无悔于一生的状态，这种状态即是幸福。*** *所以个人成长的方向，应当也是*

追求职业幸福的方向——那些能够同时给你带来快乐和意义的方向。对个人方向的明确，可以借助TOP模型来思考。

9.1 成长的TOP模型

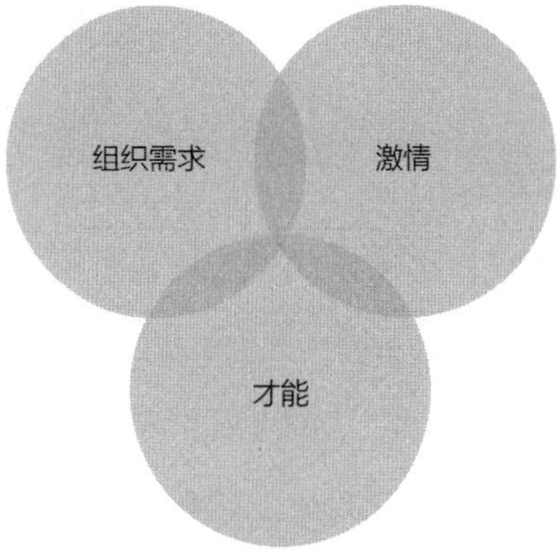

关于个人的成长，需要综合考虑三个因素：激情、才能和需求。这三个因素也是一般的职业生涯规划中经常使用的“TOP模型”的三要素：T（Talent）代表才能，O（Organizational Need）代表组织需求，P（Passion）代表激情。个人成长的方向，就在这三者的交叉当中。

9.1.1 激情

激情就是你自己特别想做的事情，这些事情能够给你带来持续而强烈的愉快体验。一个人要做的事情可能很多，爱好也可能很广泛，但总会有一些事情与其他不同，是自己非常愿意去做的，这就是他的激情。

不同的人都有自己不同的激情所在：有的人享受从思想上征服他人的快感，有的人对深入琢磨一件事情感到开心，有的人对展示自己的优势感兴趣。孔子说：“知之者不如好之者，好之者不如乐之者”，能从一件事情中感到快乐，远比知道怎么做、觉得应该去做能达到的高度更高。

9.1.2 需求

需求即你所从事的事情有没有被需要。**万物皆有价值，但万物皆不可能自证其价值：商品的价值需要用价格来体现，服务的价值需要客户的满意来认可，书本的价值需要读者来评判。**你所做的事情有没有价值，关键在于是否满足了他人的需求。

一般的职业规划，把需求界定在组织（Organization）之中，也就是你所做的事情，对组织实现其目标是否有价值。但随着社会发展的边界越来越模糊，移动互联网的发展让社会更加扁平化，个人应该把需求放到更广阔的视野中去，那就是整个社会可能的需求。社会发展的分工越来越细，人们的需求越来越多样化，我们越来越容易发现需要被满足的需求。

作为一个不可能脱离他人而存在的社会人，别人会做一些事情来满足你的需求，你也需要做一些事情去满足别人的需求。**社会需求万千，不见得你都有激情；你特别喜欢做的事情，也不一定有需求。如果你做的一件事情，没有满足任何他人的需求，那么就只能是满足自己的行动，很难说这件事情对别人而言有什么价值。**

9.1.3 才能

才能，就是把问题搞定的内在能力。才能是一种非常综合的内在属性，由个人的个性、智力、知识、经验等因素组成。正因为才能可以分解为更细的组成要素，才能才更有可能发生改变。有人认为才能是天赋，但实际上才能并非与生俱来，后天的努力学习可以使才能不断增长。

激情如同发动机，需求犹如方向盘，而才能则是车架和轮胎。个人的成长没有激情则会停滞，没有需求则会无头乱窜，而没有才能就只能望洋兴叹。激情、需求和才能三者之间的强弱重叠程度，产生了五种职业状态。

9.1.4 五种职业状态

第一种：职业幸福

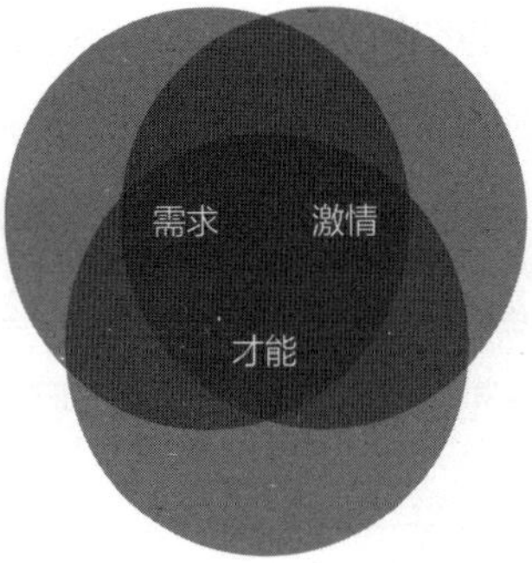

如果你期望从事的事情，也是自己擅长的，并且是被社会和组织所需求的，那么请你为自己鼓掌，你已经找到了你的职业发展方向，并且在这个方向上已经实现了的职业幸福。

社会需求在不断发生变化，个人的激情也会随着人生阶段的不同而发生改变，因此这三个因素不会一直处于完全统一的状态。有的要么差一点才能，有的要么欠一些激情，有的要么少一些需求，导致产生职业不幸福的其他四种状态。

第二种：门外汉

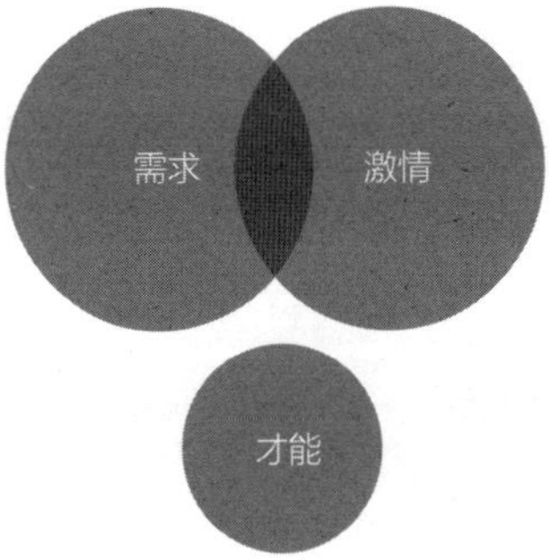

如果你对某件事富有激情，并且这件事情也是社会和组织所需求的，但是你缺乏完成这件事情所需的才能，那么你对于此事来讲就是一个门外汉。这种情况是所有的职业不幸中最不需要担心的。一旦有了激情和需求所决定的清晰方向，门外汉只需要不断地提升自己相应的能力即可。

比如有位领导者特别想成为一名教练（激情），并且这件事情能够给很多人带来成长的帮助（需求），但是自己欠缺相关的经验、资历及技巧（能力），那么他只要不断扩大自己在这个方面的能力圈，就能实现职业幸福。

第三种：苦差事

如果某件事情是组织或社会所需的，并且你也有相关知识技能来做好这件事情，但是你对这件事情并没有内在的认同和驱动力，那么这件事情对你而言就只是个苦差事。苦差事大多发生在适应组织和岗位之后，对自己以前擅长的事情失去了兴趣。

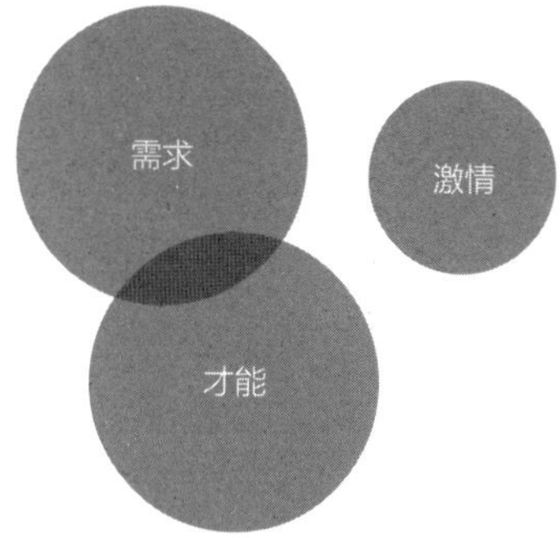

仓央嘉措的诗里写道："野马往山上跑，可用陷阱或绳索捉住；爱人起了反抗，用神通力也捉拿不住。"一个人想要重新焕发对一件事情的激情，就好像追回变心的恋人一样困难。我们无法控制自己的喜好，这可能是人身上最讽刺的事情了。面对苦差事，个人只有重新寻找个人激情与外在需求的交汇点，然后再拓展新的能力。

例如一位人力资源总监，在工作多年后渐渐对这个间接产生价值的岗位失去了兴趣，特别渴望能够到业务一线直接与客户产生互动。如果此时不做任何调整，他的工作就是个苦差事。如果有机会做一些职务上的调整，使个人的激情得到满足，那么他的职业状态就会从"苦差事"转变为"门外汉"。这种转变对个人是有吸引力的，但组织却往往不愿为此承担风险和成本。

第四种：业余爱好

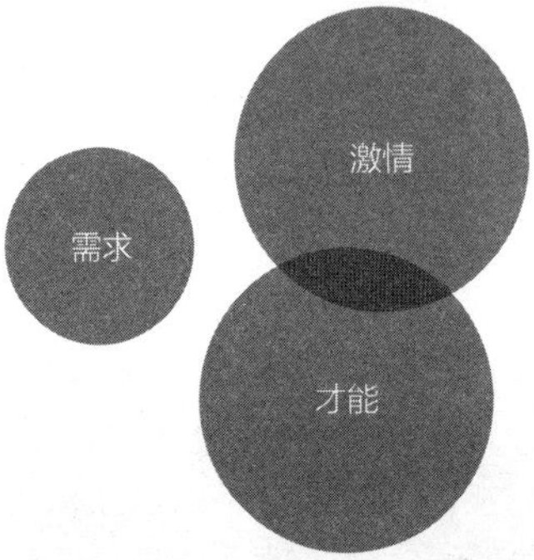

如果你特别想做的事情，你也很擅长，但并不是你的组织所需，这件事就只能是你的业余爱好。如果在工作中做了过多的业余爱好，游离在组织需求的边缘，就叫不务正业。

在一个岗位或一个组织内部是业余爱好的事情，放到另一个岗位或组织可能就有意义了。因此把目光聚焦到真正能发挥自己价值的地方，是处理这种情况的最好方法。必要的时候换换岗位，或者换一家组织，都是可行的方案。

比如一个心理学博士考取了公务员，在社区基层工作，但工作后发现自己还是对研究感兴趣，自己也更擅长做研究，因此利用工作之便花了很多时间做了一些社区基层的研究，也发表了一些文章。他的工作虽然也很有意义，但并不能解决所在社区的具体问题，只能是业余的爱好。如果要让自己的工作更有价值，他最好换一份能够满足自己激情的工作。

第五种：无尽的痛苦

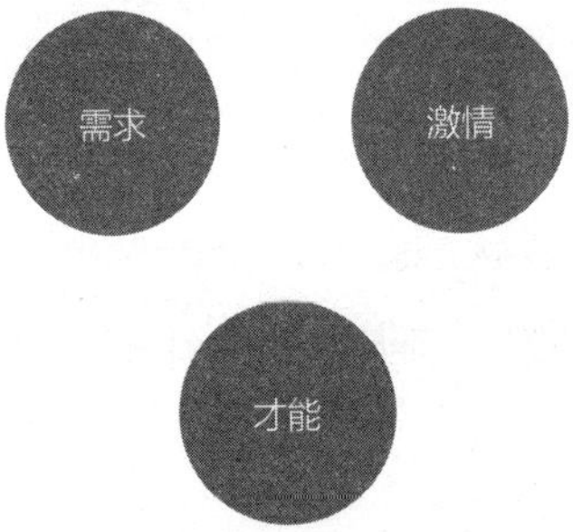

如果你想做的，不仅做不好，组织也不需要；而组织所期望的，你既不喜欢也不擅长；而你会做的，不仅不喜欢也没价值；这种情况对你来讲就只是无尽的痛苦。

大部分职场新人可能都会面临这样的情

况：他们未曾思考过自己的激情，也还没有找到需要被满足的需求，才能也处于待开发的状态。还有一些面临转型的中年领导者，他们的能力发展无法跟上组织的需求，对自己所从事的工作也失去了激情。没有人可以长期忍受这样的职业状态，在这种状态下，个人往往会有强烈的不舒适和失败感，会快速地做出转换。

需求、激情和才能的分离，是所有职场痛苦产生的根本原因。这三个要素中，相对而言，能力是个人可控的，需求和激情是个人不可控的。社会在不断发展，对组织提出的要求会发生变化，组织对个人提出的需求也会改变：初期可能会要求数量，后期会要求质量；或者初期要求功能的可靠，后期会要求更好的用户体验，等等。激情虽然是自己内在的感受，但同样不受自我的控制，我们经常说“情不自禁”“不由自主”“不能自已”，都是这个意思。

需求和激情的变化，都不以个人的主观意愿而停止，但正是这两项不可控的因素，却决定了我们的使命。要寻求个人的成长，就要去寻找自己的使命。

9.2 寻找个人使命

人所面临的所有问题，如果都追问一个为什么，最终都不能脱离这个本质：你为什么而活？追求个人的成长发展，难免也要对自己的人生问一个为什么。每个生命的结果，都不会有差别，人的一生总会走向死亡，无论王侯将相、豪商巨贾，还是市井平民、村夫野老，早晚都会化为尘土。如果不去考虑轮回转世、末日审判（因为这已经超出了我们能够体验和思考的范围），而把我们的视野缩小在此生，“为什么”的答案，就只能存在于人生的过程之中。

对于“是什么赋予了我们的人生以目的”这个问题，不同的时代，答案也不同。

在人类尚未产生自我意识之前，如同其他动物一样，生存和繁衍就是目的。在人类产生自我意识、有了对自我的反思、开始探寻人生的目的时，万能的“神”会告诉人们为什么而活。但是当“神”对怎么做的指导总是出错之后，对为什么而活的指示也被质疑了，取而代之的是家族的繁茂兴盛，为光耀门楣而努力。而当代一些人在面临情感的辜负、财产的损失、自由的约束等风险时，连组建家庭的意愿都消失了，自愿成为独身者。

科学技术以其实证，从宗教地盘抢夺了大量的信众；四通八达的交通打破了地域的藩篱，人们在更广阔的范围内流动，人和人之间建立了更加广泛的连接；社会分工使得家族的保障作用降低，个体甚至可以靠一己之力在家庭之外满足全部的生存需求。技术和社会的加速，父母一代的生活经验，很难再像他们父母的经验一样，对子女依然有指导意义。**从宗教到世俗化，从家族到个人化的转变中，个人对人生目的的追求也越来越依赖于个人感受，而不是比人更高一级的事物，如神灵、族长，来评判我们的一生。**

人活一世怎样才算是值得的？如果没有外在的评判，那我们应该用什么标准来衡量自己？所有我们兢兢业业去追求的东西，总结起来就是本书一开始所谈到的两种感受：快乐和意义。内在的激情带来快乐，外在的需求带来意义，激情和需求的结合，则会催生个人产生使命感。这种使命，由于包含了你内在的激情，因此并不是他人强加给你的；由于包含了外在的需求，因此也不是脱离于社会而存在的。

再过一些年，当你躺在床上，行将就木时，回顾此生，让你觉得自己没有白活的那些事情，就是这两者的集合。每个人的成长方向，都存在于这两者之间，存在于自己的使命之中。这么多年看到的各行各业的优秀人才，无论是领导者，还是技术专家，无不对自己所从事的事情富有使命感。

尚未存在的事物不会追求存在，而已经存在的事物则会追求更好的存在。不是每个人都有使命，但每个人都可以有使命。最终一个人会不会有使命，取决于他对自己生存状态的期望，对使命的不停探索和践行。对一位阅读本书、希望获取成长力觉醒的读者而言，这显然不再是个问题。

如果你认为一件事情对这个社会/组织具有重要意义，对满足人们的需求有巨大价值，并且你很喜欢做与此相关的事情，对此非常有激情，那么做好这件事就是你的使命。值得你为之奉献终身的事情是什么？找到自己的使命，只需要问两个关键的问题：

- Q1：你喜欢甚至享受的事情有哪些（你的激情所在）？
- Q2：你想要帮助别人解决什么问题（社会需求所在）？

9.2.1 你的激情何在

首先是自我的激情。你喜欢做什么样的事情？哪些事情会给你带来愉快的体验？使命肯定不是带来痛苦的体验，喜欢才能维持长久的动力。乔布斯在斯坦福大学的毕业典礼上的演讲中讲道："你必须去找你热爱的东西，对工作如此，对你的爱人也是如此。工作会占据你生命中很大的一部分，你只有相信自己做的是伟大的工作，你才能怡然自得。如果你还没有找到，那么就继续找，不要停。全心全意地找，当你找到时，你会知道的。"

你的激情，会受到个人成长经历、学习经验，尤其是内在个性特征的影响。比如批判性、理论性高的人，会喜欢形而上的思考和探索；关怀性、信任性高的人，更享受直接帮助他人的乐趣；敏感性、影响性高的人，更乐于参加谈判和说服影响的活动。参考你的CPI测评结果，结合对自己在平时工作生活中的感受，总结3～5件你最喜欢做的事情，简要分析这些事情令你感到享受的内在原因（是因为哪些个性特点），填入表9-1中。

表9-1　分析你的激情所在

序　号	喜欢做的事	享受的内在原因
1		
2		
3		
4		
5		

示例：找到自己的激情，如表9-2所示。

表9-2　找到自己的激情

序　号	喜欢做的事	享受的内在原因
1	看书、写作，追求自我成长	+理论性、+成长性
2	研究设计并优化迭代出高品质的“人才发展产品”	+分析性、+创兴性、+前瞻性、+批判性
3	交流思想，展示观点，说服影响他人	+敏感性、+影响性、+支配性
4	喜欢多样化的体验，不喜欢被细节和目标所束缚	+好奇心、–严谨性、–规则性、–责任性
5	与人产生友善良好的互动，得到足够的尊重	–勇气性、–好胜性、–坚韧性

9.2.2 满足何种需求

除了找到了自己的激情，我们还需要找到自己想要满足的需求。这些需求可以是组织内的，也可以是组织外的。需求的产生是因为人们有七情六欲，如果这个社会的每个人都没有欲望，那么知识、财富、名誉、地位、成长就会全部消失，我们既不可能有激情，也不存在需要被满足的需求。

一件事情是否能称为使命，除了内在的激情，是否能满足社会、他人的需求是另一个关键标准。在第3章中我们谈到“意义是付出的、满足他人的、让别人开心的事情，如果没有人因为你的存在而受益，你做的事情就没有任何意义”，这个结论主要基于以下三个原因。

第一，一个人不可能独自满足自己生存的全部需求，他必须与他人相互交换才能生存，因此需要为他人做一些事情。尤其是在当前的商业社会，个体会受惠于他人提供的产品和服务，也要提供一些产品和服务去满足他人的需求，这决定了个人的使命中必须包含满足他人需求的成分。

第二，马克思说“人是一切社会关系的总和”，人被自己所承担的各种角色所定义，而角色无外乎是彼此之间默认的权力与义务的集合。承担角色就会有相应的权利和义务，这是人之为人的本质属性，也就是在各种社会关系中，既要有收获，又要有付出。如果一个人抛弃了所有的社会角色，不再承担任何角色赋予的权利和义务，就不再是社会人，只能独自生活在人群之外。

第三，群居社会总是会发展出利他的文化因素，无论是非洲的草原、亚马孙的丛林，还是黄河的平原、西亚的绿洲，利他作为一种有利于物种存留的行为，都被文化所塑造成为一种美德。社会的发展会有竞争的一面，反映在个体身上表现为自私。一个群体如果全部个体都无私无争，就会成为服从“蚁后”安排的大号蚂蚁；但如果一个群体全部由自私个体所组成，则会由于无序无效而被利他的群体所打败。“个体选择滋生罪恶，而群体选择孕育美德”①，人类不缺竞争的本能，所以社会文化赋予了“给予”比“索取”更高的情绪体验，这已经变成人性的一部分。这种体验我相信每个人都有过：付出比得到会令人感到更开心。

关于生命的意义，有一位智者被问到的时候说：“我知道的是，我在这里是为了帮助其他人，但我不知道的是，究竟为什么其他人也在这里？”②对这位智者而言，其他人的存在，是为了帮助彼此。他人是你存在的意义，而你则是别人存在的意义。

相比较于你工作使用的个人计算机、家里的桌椅板凳、被你安排得井然有序的工作，社会是杂乱无序的。虽然有政府的管理和文化的指引，但并没有一本详细的SOP来规定每个人的行为和社会的运作。再加上人的欲望繁杂无限，而资源却非常有限，因此不管是发达国家，还是不发达国家，每个社会、每个组织、每个人总是会存在未被满足的需求的。从这些需求中找到你期望满足的需求，需要思考三个问题，如表9-3所示。

表9-3　探寻满足的需求表

序　号	思考问题	定义需求
1	哪些人	
2	什么需求未被满足	
3	给他们带来何种不幸	

① ［美］爱德华·威尔逊.人类存在的意义.杭州：浙江人民出版社，2018。

② ［以色列］尤瓦尔·赫拉利.今日简史.北京：中信出版集团，2018。

示例：找到可满足的需求，如表9-4所示。

表9-4 找到可满足的需求

序 号	思考问题	定义需求
1	哪些人	很多职场人士
2	什么需求未被满足	发展自我并成就自我，追求人生和职业幸福的需求未被满足
3	给他们带来何种不幸	工作充满痛苦的感受 个人无法获得成长且不能改善生活 工作不能获得完整的幸福感

9.2.3 如何达成目标

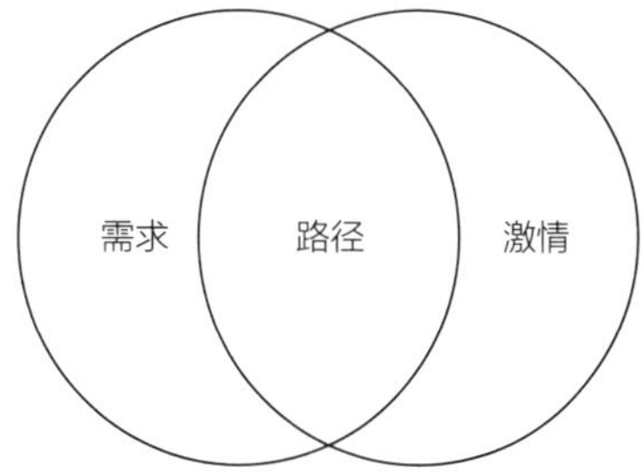

如果一个人想要做一件事情，但却对如何做成这件事没有认真的思考，那么这件事情就只是空想。一个人不会因为说出一个使命而高贵，只有他为此采取了行动，他才真正地有了使命。在采取行动之前，个人需要结合自己的激情和外在的需求，探索一条适合的路径。这条路径一方面需要有效地解决想要满足的需求，另一方面也是自己的激情所在，是两者的交集。

探寻使命的路径并非易事，人们的思想与行为之间总是充满矛盾的：有的人嘴上说着关爱众生，但一回头就在网上“地域黑”；有的领导者四处宣告着要为员工创造一个成长的空间，但却从未辅导过员工的成长发展。如果一个北京人想要在冬天享受温暖湿润的气候，就应该考虑去海南，而不能因为去天津更方便就去天津。不采取行动就无法达成目标，南辕北辙也只会让你远离目标。

找到有针对性的路径，传统的正向思维往往会陷入思维的定式，只能想到头脑中先入为主的方法。

有个聋哑人去五金店买钉子，他把左手的一根手指立在桌面上，右手握成拳头去敲击，售货员见状立马给他拿来了一把锤子，聋哑人摇了摇头后把左手的手指竖了起来，售货员最终明白了聋哑人是想买钉子。聋哑人走后又来了个盲人，这位盲人想买一把剪刀，请问：盲人会怎么做？

很有可能你已经用食指和中指比出了剪刀的形状，但盲人可以直接开口说“我买剪刀”，并不需要做手势。

相比于正向思维，逆向思维可以帮助我们调动自己的认知资源，更加完整、全面地思考所有的可能性和路径。上面讲的这个故事，如果我们不陷入思维定式，而是分析这位盲人要实现他的目标有什么阻碍，我们会发现他最大的问题可能是找到这家五金店，一旦到了店里，他大可以开口提需要。

按照这样的逆向思维，我们在寻找满足需求的路径之前，可以先分析需求未被满足的阻碍因素。对这些阻碍因素认识越清晰，解决的路径就越明确。比如想要活得更久，只需要想清楚怎么样可以死得更快，你大概就知道该做什么不该做什么了。请基于你所致力于满足的需求，分析3 ~ 5项阻碍需求得到满足的关键原因，如表9-5所示。

表9-5　分析满足需求的阻碍因素表

序　号	阻碍需求得到满足的原因
1	
2	
3	
4	
5	

示例：分析需求的阻碍因素，如表9-6所示。

表9-6 需求的阻碍因素

序号	阻碍需求得到满足的原因
1	职场人很多时候根本不知道自己想要什么
2	他们对环境变化下自己的角色认识不清晰
3	他们难以低成本地获得高质量的、有针对性的学习资源
4	他们缺乏对学习的有效方法的了解，经常采取无效的行动
5	没有支持系统帮助职场人持续保持学习

条条大道通罗马，达成使命的行动路径也不是唯一的。想去海南过冬的北京人中，有的人喜欢坐飞机快速直达，有的人喜欢坐火车沿路赏景，更有的人喜欢步行千里。阻碍需求得到满足的原因有很多，一个人既无必要也无可能解决所有这些阻碍。并且由于每个人关注的重点和自身的激情各有不同，这就导致人们履行使命的路径具有多样性。

“射人先射马，擒贼先擒王”，做很多事情，并不比把一件事情搞定有价值。从纷繁复杂的阻碍中，只需要思考3～5件最能契合自己激情的事情，作为实现自己使命的路径即可。设计一个分析行动路径的表，如表9-7所示。其示例如表9-8所示。

表9-7 分析行动路径表

序号	关键行动路径
1	
2	
3	
4	
5	

表 9-8　分析行动路径示例

序　号	任务内容说明
1	研发更好的产品和服务
2	通过各种文章和书籍来传播发展的理念
3	赋能更多专业人士
4	—
5	—

9.2.4　描述你的使命

基于以上三个部分的思考，请完成如下最终的使命表述。这个表述包括了对他人需求的分析，以及在自我激情探索基础之上兼顾激情和需求的行动路径。设计一个描述你的使命的表，如表9-9所示。其示例如表9-10所示。

表 9-9　描述使命表

我看到______________，他们______________________________的需求未能得到满足，这给他们带来了______________________________的不幸，我期望通过__________、______________________________、______________等方面的工作，来帮助他们______________________________，为此我可以不懈努力。

表 9-10　描述使命示例

我看到 很多职场人士 ，他们 发展自我并成就自我，追求人生和职业幸福 的需求未能得到满足，这给他们带来了 工作上的不开心，也不能取得职业成长 的不幸，我期望通过 研发更好的产品和服务 、 通过各种文章和书籍来传播发展的理念 、 赋能更多专业人士 等方面的工作，来帮助他们 更加清晰地了解自己，更好地成就自己 ，为此我可以不懈努力。

在写下有关使命的描述后，还有几个注意事项，需要用来审视你所找到的使命。

使命和工作相关

“工作会占据你生命中很大的一部分。”如果你只有工作之外的一点时间去履行你的使命，很难讲这是你真正的使命，这可能只是你的一个喜好。使命的履行需要的是全心全意和充足的时间，因此你的使命，最好和你的工作相关。比如一个人干着销售的工作，却认为自己的使命是致力于保护野生动物，这样的使命极难推动个人的成长：最后极有可能不但销售业绩不佳，野生动物也无法保护好。

比如参与公益，可能并不是你的使命，或者不是你当前阶段的使命，而是让你感兴趣一件事情而已。我们可以去做我们感兴趣的事情，但不一定要把它们都定义为自己的使命。如果公益真是你的使命，那么就应该全情投入，因为干好公益也有非常高的能力要求，需要学习才能胜任。

带来一定的回报

另外，你的使命最好能解决你的生活所需，至少给你带来生存所需的最低回报。使命的出发点并不是要赚钱，但是对物质回报的适当关注主要有两个原因：一是个人生存总是需要有一定的经济基础的；二是这也是检验你所认为的需求是否是人们真正的需求。如果没有任何人愿意支付给你最低限度的回报，这个事情就很难持续，或者这本身只是你的激情，而没有满足他人的需求。

不受能力的约束

在思索你的使命时，首先可以不用特别考虑自己的能力是否匹配，因为一件让你充满激情且富有意义的事情，可以促使你在这方面持续投入时间去发展自己的能力。在明确了自己的使命之后，主动获取相关的知识、技能、经验，个人的能力是比较容易发生改变的。由于个人的激情和能力常常有比较强的关联，因此你所感兴趣的事情，至少都会有一些个性潜力是与之一致的。但如果使命方向与当前能力差距过大，个人就会面临极端的挑战，过程中有失败的风险，无疑需要仔细评估。

使命不是独特的

但在人类发展的特定阶段，需求的种类总是有限的。你的使命并不独特，总会有很多人持有跟你一样或者类似的使命。你的使命存在竞争者，并不是奇怪的事情。随着社会发展和人们生活的改善，人们的需求会越来越多样化，个人使命也有更多可选，但要企图“独占”一项使命是不可能的。甚至在一个组织内，我们应该鼓励大家为了相同的使命而努力。

分享自己的使命

我们不仅没必要去“独占”一项使命，相反，我们需要分享自己的使命。这里讲的分享，一方面是让别人知道你想要致力于什么样的事情；另一方面是找到或启发与你志同道合的人，一起来更好地满足社会的需求。依靠单打独斗就能取得成就的时代，已经过去了，我们必须要团结更多具有相同使命的伙伴，才能有效地满足社会的需求。

暂时找不到使命

如果我们对自我的认识、对社会需求的了解尚不清晰，可能暂时无法找到自己的使命。不要急于否定自己，应尽量多地去尝试，增加对自己的认识，发现自己感兴趣的事情，探索人们的痛苦和需求，早晚你会找到自己的使命。人的生命是有限的，去追求你自己独特的使命，总比浑浑噩噩地过完一生要幸福得多，所以不要放弃探索。

使命的变化更新

人生磨难，世事无常，没有什么事情是一成不变的。人们的社会角色和外部环境正在变得多样化，在这种越发多样性的环境中，个人内在的激情、社会外在的需求都在不断变化，导致个人的使命也会发生改变。对自我使命的探索并非一劳永逸的事情，及时自我复盘，更新对他人需求的了解，合理地调整自己的使命，会帮助你在不同的人生阶段获取相应的幸福体验。但无论如何变化，使命总要兼顾激情和需求，快乐和意义都要从上述两个方面中去寻找自己的使命。

9.3 追求才能的发展

使命不是空洞的理想，更不是一句彰显个人品格的口号，而是真正要去做的事情。使命的承载，并不在于立下使命的语言，而在于之后采取的行动。行动是否能达成目标，给个人带来快乐和意义，则要依赖于能力的支撑。

拥有使命并不代表你能履行使命，你想要帮助他人，但别人不一定把机会给你。在竞争性社会，短缺和充足永远并存：短缺的是时间、资源、金钱、情感；充足的是不管做什么，你总是不会缺少竞争对手。那些跟你有相似使命，但又不是你的伙伴的人，一直在努力试图做得比你更好。如果你没有足够的能力来满足他人的需求，那这些需求就会变成竞争对手的养分，你缺乏浇灌的激情就会慢慢枯萎，使命感也会因此衰退。

个人的成长离不开使命的澄清，但更离不开个人能力的发展。在明确了自我的使命之后，我们需要投入时间精力来提升我们的才能。人生苦短，我们都没有再活500年的机会，所以要珍惜每一分钟，让它发挥更大的价值。

“工欲善其事，必先利其器”，工匠想要把工作做好，首先要做好充分的准备。不能光有“铁杵磨成针”的毅力和行动，更要有对实现目标的策略手段的准备。可以有别的方法加工出针吗？如果一定要用铁杵来磨，铁杵可以先做得小一些吗？如果一定是那么大的铁杵，磨刀石可以找更好的吗？……

如果某个北京人想清楚了要去海南过冬，那他不应该立刻收拾行囊迈腿上路，而是要看到从北京到海南有很多种策略和方法，只有清晰地认识到这些策略方法分别的优势与不足，他才能制订一个称心如意的方案，抵达自己梦想的地方。

同样在发展提升自己的才能时，也不要急于马上去学习，首先要认识清楚学习是怎么回事，思考应该怎样学习才会有效。在第二部分的章节中，我们探讨认识了自己；在第三部分的章节中，我们认识了角色并找到了自己的使命；接下来在第四部分我们要探讨的是如何学习成长的策略，这些策略可以让我们在有限的时间里，获得尽可能多的快乐和意义。

PART
4

第四部分

*

成长的方法

有了对自我和对角色的认知，获得成长力觉醒还需要有兼顾两者的妥善方法，即对成长的认识。学习并非是要刻意模仿他人、鹦鹉学舌地变成其他人的样子，也不是哪里不足补哪里，撒胡椒面式地把自己培养成庸才。在当前的时代背景下，追求个人成长需要掌握更加系统有效的原则，把握成长的本质，少走不必要的弯路。这些原则主要围绕着发展的根基（去自我中心）、策略（发挥优势）和方法（系统的行动）三方面。这些原则会超出我们日常所见的各种具体方法，有的甚至还和常识相悖，但揭示了成长的实质，是成长力觉醒必不可少的一部分。

第四部分包括三个章节，论述的主要内容是：

第10章：论述了个人追求成长，首先需要建立一种新的思维模式，就是要去自我中心，客观地看待自己和环境。

第11章：在去自我中心的基础上，分析有效成长的四大基本策略，分别是发挥优势、管理致命短板、聚焦重点和团队互补。

第12章：学习成长并非易事，真正实现成长需要依靠的系统行动，包括立体的学习内容、有效的学习步骤，以及确保采取行动的机制，最终制订个人的发展计划。

第 10 章 个人成长的根基：去自我中心

苏格拉底说：“知识即德性，无知即罪恶。”那么学到的知识越多，人的发展是否越完善？显然知识只是成长的必要而非充分条件：知识是必要的，但只有知识是不够的。尤其是在知识并不匮乏的信息时代，成长有更为深远的要求。人的成长，其根基在于去自我中心。

10.1 自我中心

10.1.1 人类自尊心遭受的打击

在人类的文明历史上，有三个人对人类的自尊心打击至深：哥白尼、达尔文和弗洛伊德。他们三人联起手来，一步一步地把人类从天堂拉入凡间，再从凡间打入地狱。

在哥白尼之前，所有人都认为地球是宇宙的中心，太阳、月亮和所有其他的星辰都围绕地球旋转，人类的家园是上帝或诸神特别为人类所造的，因此我们是整个宇宙中最为特别的存在。但后来哥白尼的日心说，证实了太阳并非围绕地球旋转，实际情况是地球在围绕太阳旋转。

我们的住所不再是宇宙的中心，诸神并没有特别地对待我们。这是人类集体的自尊所遭受的第一次打击。

虽然哥白尼之后我们“丧失了上帝的独宠”，不再是宇宙的中心，但我们仍然自视为地球的主人，是所有动物和植物的主宰，是凌驾于地球上其他一切生命的万物之灵。但是达尔文提出的生物进化论，却把我们拉到与动物同一个层次：人类与其他生物一样，都有着共同的祖先，从低等的古代生物进化而来，并且依然在自然的选择下进化着。人类也只是自然的一员，并不比其他生物更高级。这是人类集体遭受的第二次打击。

哥白尼除去了人类的神性，达尔文抛弃了人类的灵性，但人类认为自己至少还有富足的精神世界，包括我们理性的思维和崇高的情感，即我们的人性。可是弗洛伊德认为人们精神世界的无意识、混乱和邪恶。人性与动物本能不再天然区分，“人性”中也包含很多类似动物的本能，甚至人们内心深处那种破坏和毁灭的死亡本能，还不如动物高级。后来更多心理学家，包括获得诺贝尔经济学奖的卡尼曼、泰勒、西蒙等，也都在研究中反复证明了人性中的“不可理喻”，我们引以为豪的不同于动物的理性，并非像我们所认为的那样可靠。这是人类集体遭受的第三次打击。

纵使人类并非“上帝之子”，我们也不比自然界中的其他物种更高级，但我们还能掌握我们所创造出的工具，人类甚至以“创造并使用工具”来界定和其他动物的区别。可是当今人工智能的发展，使人类正在遭遇第四次打击。随着谷歌公司的人工智能阿尔法狗（AlphaGo）击败人类围棋世界冠军，很多人开始意识到，在很多方面人类甚至都不如我们自己所创造出来的工具！

无论是三位伟大的学者，还是正在新兴的人工智能，都并非要恶意伤害人类的感情，他们只是揭露了人类自身和所处环境的真实情况，帮助人类更清晰地认识自己，以及和所处环境的关系。人类之所以觉得倍受打击，是**因为长久以来，包括长久以往，所有人类，几乎是人类中的每个人，都活在以自我为中心的幻象之中，无法接受自己的平凡。**这种幻象就像厚厚的迷雾，让我们看不到真实的世界。

10.1.2 儿童的自我中心

“自我中心”作为一个心理学名词，是由发展心理学家皮亚杰提出的。这个腹黑又颇具才华的心理学家，设计了一个研究儿童认知发展的实验。实验中按照一定结构在桌子上摆放了三座大小、形状、色彩不同的假山。

参加实验的儿童首先会从四个角度观察这些假山，然后在一个位置固定坐好。接下来实验人员会放一个玩具娃娃在儿童的对面，并要求儿童从四张不同方向的照片中，指出哪一张是玩具娃娃看到的场景。皮亚杰在研究中发现，处在前运算阶段（2～7岁）的儿童无法完成这个任务，他们都会选择从自己角度看到的照片，而不能理解玩具娃娃与自己不同的视角。

处在前运算阶段的儿童，还是泛灵论者，他们会认为所有的事物都像自己一样有生命和意志，会与自己的玩具游戏、交流。他们还会觉得自己喜欢的别人也会喜欢，自己讨厌的别人也会讨厌。所有智力正常的成年人，应该都能轻松解决这个“三山问题”，或者认识到别人也许并不像自己一样喜欢某些东西。但是几乎所有人在看待一些关于工作、生活的问题时，都无法摆脱“自我中心”的影响。这种自我中心最典型的表现就是“自我服务偏差”。

10.1.3 成年人的自我中心

在自我服务偏差的影响下，我们总是会歪曲事实，按照有利于自己的方式来看待问题。把成就归因于自己的能力和努力，把失败归因于外在的环境；而在看待别人的成败时，却会有相反的归因：别人的成功都是因为运气或者条件好，而别人的失败都是其内在的问题。我们经常觉得自己很客观，实际上我们对客观世界的观察和认识，只是从自己的角度进行的提取和记忆，当我们把这种观察和认识再次展现出来时，我们以为这就是客观事件，但实际上并不是。

比如考试成绩获得了第一名，人们通常会归因为自己的学习天赋和努力；而一旦表现不佳，则会归结为题目太偏或运气不好等外在因素。或者在多人对战游戏中，一旦局势不佳，通常玩家的第一想法是“又碰上了猪一样的队友”，而绝对不会承认也许自己就是那头猪。再或者在工作中取得了好的绩效结果，大部分人都会归结为自己的才能；如果出现了绩效下降，多数人的第一想法都是环境、产品、内部支持不到位。

这种保护自己、维护自己良好形象、让自己感觉良好、服务于自己的偏见，就是自我服务偏差。社会心理学的研究还发现了很多类似的心理现象：比如每个人都会或多或少地认为自己与众不同，包括个人成长经历、对待问题的态度、价值观体系等，都是独特的；但是在另一面，我们却对他人的独特性视而不见，会认为自己喜欢的别人也会喜欢，对别人不同的态度表示不能理解或鄙视等。

自我中心并非是完全的自私、不讲理或者道德败坏，而是无法从宏观的、完整的、外在的视角，来客观审视自己。无论是组织还是个人，总是会自然地倾向于采取自我中心的视角来思考自己面临的问题，应对各种可能的挑战，或者最后为自己开脱辩解。看看这些自我中心的想法或说法，一定在你或者你周围的人身上发生过：

- 这个市场将是一个快速增长的市场，有极大的发展空间（实际情况是，这个市场也许只是公司的一厢情愿，因为已经投入了很多资源，不舍得放弃）。
- 要不是政府调整了政策，我们早就实现了盈利（所有的竞争对手都有相同的外部环境，为何他们可以盈利）。
- 竞争对手实在是太无耻了，居然报这么低的价格（那他们如何长期采用如此低的价格实现增长，真的是疯掉了么？）。
- 如果不是老板每天安排做这么多烦琐的工作，我肯定可以更专注地学习成长（就算有足够的时间也不一定会专注地学习，这只是一种让自己舒服的借口）。
- 那种人完全没办法讲清楚道理，我已经做出了这么大的让步，他却依然不满意（从自己的角度来看，任何让步都可能是巨大的，也许对方也觉得自己做出了巨大的让步）。

以上这些想法，都是自我中心的表现。人们在年轻的时候，总是认为自己站在舞台的中央，觉得别人一直在看着自己。即使是发展不成熟的成年人，也同样认为一切都应该以自己为中心，以至于对不符合自己期望的言行或结果，表现出非常强烈的抗拒。他们会把满足自己的内在需要放在履行角色的需求之上。

成年人的自我中心，更多的不是对利益的计较，而是把满足自己内在的个性需求放在首位。有一名500强企业在中国区的负责人，人际方面的关怀性、影响性、坦率性都很低，勇气性很强。他的下属总是觉得自己莫名其妙地就被干掉了，因为即使工作中有错误，这位负责人也不会直接反馈，等错误到了一定的程度，他就会采取行动。在他没有认识和管理自己内在的这些特点时，就会按照自己喜欢的这种方式来采取行动，但这并不符合组织所期望的管理过程，这就是自我中心。

同样有另一位民营企业家，关怀性极高、勇气性极低。在他的公司里，员工几乎不用担心会失去工作，因为这位企业家很害怕面对人和人之间的冲突。在他聘用一位高勇气性、低关怀性的人力资源总监之前，他这种满足自己对人际和谐关系的需求，而不去处理低绩效员工的行为，也是自我中心。

还有一位房地产大亨，在把公司总经理位置让给继任者，自己出任董事长后，依然忍不住满足自己高支配性、高批判性和高影响性的个性需求：经常超出董事长的角色，对新任总经理的日常工作进行批评指点。这种做法导致新任总经理逐渐退回到了之前副总的角色，而这位名义上的董事长，事实上依然还只是一位总经理。只有在这位董事长意识到自己的角色转型，管住了自己的支配、批判和影响的本能，没再继续超越角色批评指点时，他才摆脱了自我中心的统治。

儿童很容易逐渐学会区分主体与客体，知道洋娃娃的视角与自己不同。但成年人却很难进一步发展，认识到自己对事物的归因并不客观全面。对成年人而言，主动放弃满足自己内在的个性诉求非常困难，但越是难完成的事情，往往越有价值：实现成长的根基，就在于去自我中心。

10.2 去自我中心

在整个宇宙中，地球只是无数星球中的一颗；在整个地球上，人类只是无数物种中的一个；在整个人类中，每个人也只是社会众多成员中的一员。宇宙不会绕着地球转，地球不只为人类而存在，同样地，没有任何人会是这个社会的中心。

自我中心的心理机制，无论从认知角度还是从动机角度，或者使用生物进化的理论，都能得到合理的解释。**虽然存在即合理，但很多存在未必合理。自我中心所带来的自我膨胀、自视甚高、回避问题、指责他人、拒绝成长，所起的负面作用已经远远超过了自我保护的正面作用。**

人的很多心理机制的形成，是在过去数百万年人类的进化中被逐渐沉淀的。比如被批评或否定时，多数人的第一反应是愤怒、辩解或者逃跑，这种本能与原始人面临野兽攻击时的反应是一致的。但是当今社会中，接受批评和否定常常会带来优化和提升自己的机会，可是社会的快速发展，让我们来不及在进化中淘汰掉内心抗拒否定的本能，因此这种本能就构成了我们发展的制约因素。

无论是一个组织还是一个人，想要实现长久的、健康的发展，就需要对自己和所处的环境有客观准确的认识，并基于这种认识来采取有效的行动。而不是听任自我本能的驱使，忽视一切不利于自己的因素。在某种程度上，自我中心就是掩耳盗铃，闭目塞听！尤其对于管理者而言，由于身处高位，往往听到的都是“甜言蜜语”，得不到真实反馈，更容易活在以自我为中心的世界里。

幻想的世界肯定美好，但终究敌不过真正的现实。所有成长发展首先需要构建的根基就是去自我中心，活在现实之中。去自我中心的核心任务就是不再只站在自己的角度来看待问题，而是从更宏观、更完整、更外在的视角，来客观审视自己。对于一个成年人，去自我中心的转变有很多方面，比如：

- 认识到自己不是别人的中心，无论是父母、配偶、孩子、朋友、老师、同学，都有其自己的生活，我们没有权力也不可能要求他们以我们为中心。
- 客观地分析自己成败的原因，既不过分夸大自己在成功中的作用，也不逃避自己在失败中的责任，能看到别人成功的内在原因和失败的外在原因。
- 认识到自己应该做和喜欢做、不应该做和不喜欢做的区别：自我中心者会把自己喜欢做的视为应该做的，不喜欢做的视为不应该做的；而去自我中心者，会清晰地把两者区分开，客观地审视自己是否履行了职责。
- 主动寻求让自己不舒适的反馈或经历，包括克制自己的愤怒、勇敢面对挑战、宽恕他人的错误、主动承担责任、更中立地评价自己、不走思维的极端……
- 客观地看到社会经济的发展，绝不会以个人的意愿为转移，根据符合社会和市场发展的客观规律，而不是自己的主观偏见来制定发展策略。

去自我中心，实际上就是一种自我批判精神，实事求是地看待自己、他人和自己所处的环境，不因个人好恶而扭曲事实。去自我中心并非要否定自我，也不是要求自己完全忽视内在的需求，而是要客观认识到自己的需求，但又并不被这些需求所挟持。以自我为中心通常会带来快乐，以角色为中心则会带来意义感。去自我中心的目标，是要客观地处理自我和角色两者之间的关系，兼顾快乐和意义，得到持续的、真正的幸福。而要达到这样的状态，离不开对自我的深入了解。

10.3　始于自我认知

哲学上有三个终极问题，是每个人都会遇到且要回答的问题：① 我是谁？② 我从哪里来？③ 我要到哪里去？

人们在度过自己短暂的一生时，思考得最多的是第三个问题（我要到哪里去），即对未来的期望。包括：要去哪里工作？选择什么样的配偶？希望得到什么样的职业成功？想去哪里旅游体验异域风情？老了之后如何安排自己的退休生活？等等。对于很多成年人而言，追求成长是一个未来的、外在的问题，他们期望有人告诉他们最佳实践是什么，方法步骤是什么，问题风险有哪些。

自我中心的思维下，人们的视线总是向外的、工具性的。我们从小被教育的内容绝大多数是物理、化学、语文等一系列的知识和技能。通过了解、吸收和运用，我们成了性能良好的“工具人”。在当前很多“快速成长”的组织中，这类思维模式尤其常见：“不要告诉我太多，直接跟我讲怎么做”“我要学习一些领导团队的技能，搞定我的团队”“教我怎么样可以快速融入团队”……

这样做并没有错，但只有这些并不够。世界在不断变化、知识在不断丰富、挑战也在不断更新，如果我们不能认识并管理内在的思维模式，就算是听到了新观点，看到了新事物，转换了新角色，我们也只会听到自己想听到的，看到自己想看到的，履行自己想承担的，这样的听是聋听，这样的看是盲看，这样的做是盲从。

在一心向前的人群中，一些人也会偶尔关心第二个问题（我从哪里来），即对过去的回望。如果对未来的思考常常让人感到焦虑，那么对过去的追忆却很容易让人感到安慰。但是这种安慰很容易让人沉溺在过去的成就和情绪之中，束缚其前进的手脚。判断一个人的精神世界是否到达了顶点，表露出停止上升且开始下滑的趋势，进入所谓的“中年油腻期”，有三个标准：① 追忆往昔；② 好为人师；③ 身材走形。他们当下并不精彩，未来也无理想，只能通过炫耀遥远的过去，来证明自己的高人一等和与众不同。

沉溺于过去就如同妄想未来一样，并未触及实现成长的关键。打牢“去自我中心”的根基，首先需要了解你的“自我”，充分地回答“我是谁”的问题。“我是谁”的答案，深深根植于人的内心深处，是处理与自己、与他人、与世界的关系的一系列思维和行为的模式。这些模式常常不为我们自己所知晓，但是却对我们的行为产生巨大的影响，定义了我们的“中心”。比如“面临冲突时喜欢退让”，或者“很容易怀疑他人做事的动机”，或者“喜欢考虑抽象和概念化的问题”，等等。

每个职场人不应当作为一种工具方法的载体而存在，每次学习就是工具方法的更新，就像计算机和手机更新软件一样。追求成长本身是追求自身更好的存在，而要有客观上更好的存在，就需要个体不再自我中心地要求世界围绕自己运转：不喜欢面临冲突，并不代表处理冲突不重要；容易怀疑他人的动机，并不代表怀疑就是恰当的。**当我们不再任性地按照自己的喜好来采取行动、不再歪曲世界来符合自己的倾向时，成长就已经发生了。**

自我认识是人的一种内在欲望，是人区别于其他动物的关键，也是促使个人发生改变的前提。如果我们不能清晰地认识自己，有效地分析自己的心智模式，就不可能真正地得到成长。比如一个在别人看来缺乏合作精神的人，其内在的原因可能是因为好胜心太强而容易树敌，也可能是因为人际的自在性太低而不太主动，或者敏感性太低不愿理解他人诉求。如果没有找到自己之所以不能很好合作的原因，那么学习再多的知识也是无效的。

深入了解自己内在的思维模式和行为习惯，不再以对自己有利的方式来看待问题，客观、全面地对待自己和所处的环境，做到去自我中心，拒绝生活在本能的挟持中，是获取成长力的根基。有了去自我中心的根基，接下来需要的就是行之有效的策略。

第11章 自我成长的策略：发挥你的优势

你知道世界第一高峰是哪座吗？大部分受过一定教育的人都应该知道是珠穆朗玛峰。但第二高的呢？第三高的呢？

中国第一个获得奥林匹克金牌的人是谁？虽然能回答这个问题的人不如能回答上一个问题的人多，但依然有很多人知道是"许海峰"。但第二个呢？第三个呢？

***我们之所以无法记住很多事情，是因为我们的认知资源是有限的，我们只会记住那些对自己重要的事情，或者表现突出的事物。**同样，社会和组织的资源也是有限的，他们会把期望和资源给予那些最能帮助他们解决问题的组织和个人。*

美国通用电气（GE）前CEO杰克·韦尔奇（Jack Welch），在20年时间里，把GE公司打造成全球第一的公司，依靠的战略就是"数一数二"。在全球激烈的市场竞争中，任何事业部门如果不能做到在市场上"数一数二"，就要被砍掉、整顿、关闭或出售[①]。

作为智能手机行业的颠覆者之一，小米公司让更多人用上了智能手机，从2010年创业到2018年上市，实现了飞速发展。小米公司创始人雷军在总结小米公司成功的关键时，讲了七个字："专注、极致、口碑、快"，其中

① ［美］杰克·韦尔奇，苏茜·韦尔奇．赢．北京：中信出版社，2017．

的“专注”和“极致”，也是在某些方面对卓越的追求，与韦尔奇的“数一数二”如出一辙。

*世界正在变得更加平坦①，未来的竞争不会局限在你所在的城市、区域或国度，由于信息和交通技术的发展，需求者很容易知道并找到潜在的供给者。**赢者通吃的局面正在形成，在价格相同的情况下，人们只会考虑最好的，不会有人去买次好的。**比如同质化的A产品和B产品，A明显比B要好10%，那两者的市场占有率会是多少？A比B高10%？或者是A会占有全部市场？答案明显是后者。*

***无论是企业还是个人，做得差不多，或者做得有点好是不够的，除了努力做到“数一数二”，我们别无选择。**但这并不意味着个人要在每个方面都一定要成为世界第一，这既没必要，也没可能。个人发展并不是追求无所不能，而是要在某些方面达到卓越水准；也不是一定要成为世界第一，但至少在某个领域、某个圈子、某个组织中做到“数一数二”。*

***泰山不如珠穆朗玛峰高，但其历史和文化功能可能更突出：古代皇帝在做出了巨大的功绩、向天地汇报重整乾坤的业绩时，都会登泰山封禅，而不会选择珠穆朗玛峰。**这两座山都都有自己显著的优势。追求个人成长的第一个重要策略，是塑造并发挥个人的优势。虽然这不是唯一的路，但却是最有效的路。*

11.1　发挥你的优势

采取发挥优势的策略，并不是因为这个概念正在流行于各种商业杂

① ［美］托马斯·弗里德曼. 世界是平的. 湖南：湖南科学技术出版社，2006.

志和讲师课堂，而是因为在当前所处的时代背景下，这是最好的策略。之所以要发挥优势，是因为我们都不完美。

11.1.1 我们都不完美

生物进化的历史，是一部宏伟的长卷，这个长卷里书写的，是千百万种物种的诞生、演进和灭绝。**相比较于人类进入文明的几千年岁月，过去三四十亿年各种生物物种向我们展现出来的自然法则，更是我们可以汲取关于人类生存和奋斗的真理的源泉。**这种自然法则被达尔文总结为“物竞天择，适者生存”，即生物之间会相互竞争，但最后的输赢由自然决定。但从各种生物本身的变化来看，这种趋势也可以总结为“分化到不完美”。

在自然生命的进化中，一开始出现的生命形态是比较完美的。比如单细胞动物，它靠着一个细胞，饮食、繁殖、行走等功能一应具备。并且对生存环境的要求极低，几乎在各种各样的环境中都能生存繁衍。但是随着单细胞向多细胞、软体动物、脊椎动物、哺乳动物的升级，最初的始祖生物不断分化成不同的种类。在这个分化的过程中，每个细胞的功能越单一，每种生物的生存要求就越高，自然进化也就成了“分化到不完美”的过程。

相比较于全能的单细胞动物，在多细胞生物中，每个细胞所承担的功能越来越单一，比如有的细胞专门负责感受、有的负责消化、有的负责支撑、有的负责免疫……这种分化也体现在高级生命体的成长过程中：一开始的受精卵细胞具有无限可能，可以分化为神经元，也可以分化成骨骼，还可以分化为头发，但我们的皮肤和肝脏细胞，却最多只能复制自己，而无法成为其他。

生物的进化会促使物种更好地适应某些特定的环境，而放弃在其他环境下生存。虽然我们无法像细菌一样可以随处找到可以果腹的食品，而是要专门栽种养殖才能吃得饱；同样我们也无法像水螅一样通过出芽生殖来繁殖下一代，还得专门寻觅一个随时可能会离开的配偶，一起通力合作才能完成传宗接代的人生大事，但人类在地球上的生存适应能力更强了。

分化的确是向着“不完美”的方向发展，但我们不能说人类比细菌更低级、比水螅更无趣。事实上这种向着不完美进行的分化，也正是我们变得更强的过程。只是这种“更强”，舍弃了对普遍性环境的生存优势，而更加适应某些独特的生存环境，这个过程孕育了适应多样化环境的多样化物种。狮子的确不能像水藻一样只要有光有水就能生存繁衍，但它可以称王于草原；长颈鹿也很难像蚯蚓一样可以依靠腐叶轻松存活，但它可以得到最柔嫩的叶芽。

生物技术领域有一种技术叫细胞融合技术，试想如果通过细胞融合技术，把番茄和土豆的细胞融合成为一个杂种细胞，并把这个细胞培养成活，种出一株地上结番茄、地下结土豆的植物来，这种植物岂不是完美的！先不论这样的技术是否成熟，就算这样的作物被创造出来，它所产出的番茄，必然不如之前的番茄；它所产出的土豆，也肯定不如之前的土豆。这种看似追求圆满的做法，实际上导致了平庸，即貌似每方面都会，但实际上每方面都不擅长。

人类本身的文明进步也是在不断分化当中的。人们赖以为生的手段一直在向着多样化的方向发展：几千年的文明发展，从农民中分化出了手工匠人、商人、政治家和科学家。所有这些分化所产生的结果，都在向着更加专注的方向发展，舍弃一些特质，强化一些特质，再通过不同个体之间的配合，使整体变得更为强大。**人类的分化可以说是自然分化**

的极致延伸，我们的数十万种职业分工，使人类整体获得了空前的力量。

从小我们就被要求德智体美劳全面发展，所有的教育都在用完美的标准来要求我们。家长一直在让我们弥补自己的不足，语文、数学、外语哪里不足就补哪里。如果我们不致力于成为一个完美的人，就会落后于别人家的完美天才。但截至目前，我们还没有看到过完美的人，因为完美的人根本就不存在。

月有圆缺，但每个月月圆的时间只有两三晚，而月缺的时候却有二十几天。短缺和不足才是世界最普遍的常态。植物在努力竞争有限的阳光和养分，食草动物在竞争有限的水草，食肉动物在竞争有限的猎物，雄性动物在努力竞争有限的优质雌性动物。

每个人都有各种各样的欲望，但满足这些欲望的资源却总是有限的：有的人想要买的东西很多，但钱却很少；有的人想要做的事情很多，但时间却很少；有的人想学的知识很多，但大脑的认知资源却很有限……我们每个人都会面临短缺和不足，在分析自己的能力时，这种短缺和不足同样是一个不可回避的事实。

短缺和不足的存在，让我们无法追求完美。借用《孙子兵法·虚实篇》中的话："故备前则后寡，备后则前寡；备左则右寡，备右则左寡；无所不备，则无所不寡。"把有限的能力聚焦到某些方面，必然会导致其他方面的缺失。但如果搞平均主义，则会导致所有方面的缺失。把所有战士平均安排到国防线上，看起来防备完善，其实每个地方都会非常薄弱。

生物进化的过程，就是通过变异来强化某些方面而弱化其他方面的过程。当人类进化选择了头脑路线——通过创造工具来提升环境适应性的时候，我们就放弃了在体力上的诉求。当你选择了学习理科，选择了学习生物，更进一步聚焦在结构生物学研究领域，你就抛弃了其他同样有趣的学科。所以无论是我们的生物属性，还是我们的社会属性，我们都不完美，我们也无法成为完美的人，但不完美并不代表我们无须成长。

11.1.2 不完美不等于不成长

20世纪90年代，管理大师彼得·圣吉在他的名著《第五项修炼》中指出："真正能在未来获得成功的组织，将是那些发现有效途径去激励人们真心投入，并开发各级人员的学习能力的组织"。[①]

为什么学习对于个人和组织如此重要？这个问题的答案也许同生物进化论的原理一样：适者生存。当外界环境未发生变化时，个人和组织无须做出改变即可生存得很好。但当外部环境发生翻天覆地的变化时，如果个人和组织不随之变化，很快就会被社会所淘汰。

被交通和信息连接起来的全球大市场，正以前所未有的速度发生变化，作为市场的参与者，个人和企业再也没有以不变应万变的从容。一家企业只有不断改变过去的做法，提供更加满足市场需求的产品和服务，才能获得持续的发展。而一个人只有不断学习成长，才能在组织中创造更多的价值，获得更多的回报和发展空间。

放弃完美并不意味着放弃成长。如果一个人拿着"人无完人"的招牌来解释自己所有的不足，那也只是自甘堕落的表现。我们是否需要学习和成长并不是一个值得讨论的问题，如何学习和成长才是需要斟酌的关键。比如我们究竟应该发挥优势还是弥补短板。

过去的教育模式，会让我们关注我们做得不好的事情，并对此产生愧疚感，而忽略那些我们做得很棒的事情，因此很少会有成就感。这种模式是全球皆有的现象，只是在中国家长的身上体现得特别明显。这种

① ［美］彼得·圣吉.第五项修炼.北京：中信出版社，1990.

思维模式不仅体现在过去的家长身上，也体现在当前诸多管理者的行动中。你可以回忆一下你周围的管理者们或者你自己，在与下级沟通时谈论最多的是什么，是如何改善不足，而不是怎么发挥优势，对吗？

我们不用同时跟姚明比身高、跟爱因斯坦比智商、跟梁朝伟比长相、跟周星驰比幽默，这种比较只会让我们更加失去信心。相反，只有我们接受甚至欣赏自己的不足，才能把精力放在自己擅长的、喜欢的事情上。

至于为什么这样做是合理有效的，我们可从两个方面来回答这个问题：一是借助经济学中“商品交换创造价值”理论，从他人需求的角度进行分析；二是借助心理学中“光环效应”理论，从他人印象的形成过程进行分析。最终我们将会看到，塑造并发挥优势，是我们最佳的发展策略。

11.1.3 发展自身优势

有个村庄有甲、乙、丙三户贫困人家，这个村庄的气候和土壤环境，比较适合种植土豆和玉米（也许还有别的作物）。为了均衡日常饮食的营养和口味搭配，三户人家都种植土豆和玉米，他们劳作同样勤奋，并且在两种作物上分配的田地和时间精力各占一半。

其中，甲因为喜欢吃土豆，所以经常会琢磨怎样把土豆种好，掌握了一些种植土豆的诀窍，所以虽然投入了同样的时间精力，但土豆产量要高于丙和乙的土豆的产量。乙也因为同样的原因，其玉米产量要高于丙和甲的玉米产量。而丙则不那么挑食，因此两种作物都种得较好。因为三户人家的劳动强度和资源投入是一样的，最终得到的粮食总量是相同的，如表11-1所示。

表 11-1　甲、乙、丙所种土豆和玉米的产量

	土豆	玉米	总量
甲	10	6	16
乙	6	10	16
丙	8	8	16

有一年，甲和乙商量新一年的种植计划，决定甲把全部的土地和精力都用来种植土豆，而乙则全部种植玉米，等到秋季收获后，按照1∶1进行交换。到了秋天，甲乙丙三户分别收获了如表11-2所示的土豆和玉米产量，并进行了交换。

表 11-2　甲、乙、丙交换种植后土豆和玉米的产量

	交换前		交换后		总量
	土豆	玉米	土豆	玉米	
甲	22	0	12	10	22
乙	0	22	10	12	22
丙	8	8	8	8	16

这一年他们的土地面积并没有扩大，天气也没有更好，劳动强度和时间也没有更多。甲把所有土地和精力都用来种植并照管土豆，如果没有任何技能和经验的增长，产量应该等于原来的两倍。但因为不用分心去管理玉米，对土豆的了解也更多、更深入，效果提升10%非常容易。同样，乙也因为更加专注于玉米的种植，所以玉米产量也翻了一倍多。而丙因为没有任何变化，所以还是维持了原来的产量。

秋季丰收后，甲拿了10个单位的土豆，从乙那里换了10个单位的玉米，两家人都有了比原来更多的土豆和玉米。丙没有（也没有必要）参与到交换中，所以还是吃自己种出来的少量土豆和玉米勉强果腹。丙在种植土豆和玉米方面既没有短板，也没有优势，他在这场交易中，没有

获得任何新的好处。

从这三户农民种地的分工与合作中可以看到，发挥优势的分工，不仅可以促进社会整体的进步，也能让参与交换的人获取更多的价值。这种分工和协作带来的价值不仅体现在家庭、组织、国家之间，也存在于家庭、组织和国家内部，特别是存在于我们直接获取报酬的组织内部。

在这种相互融通的环境中，如果一个个体自绝于社会，一个组织自绝于市场，一个国家自绝于世界，那么就像农户丙一样，无法获得任何协作的好处。这就是为什么个人要参加社会劳动，组织要打破边界，国家要保持改革开放。这是时代背景的要求，是每个人都不可能抗逆的趋势。

想象一下你独自生活在一个小岛上，恐怕你需要掌握捕鱼打猎、烹饪编织、修房造屋、治病疗伤等一系列能力。这些能力中任何一个的缺失，都可能会导致你一命呜呼。所以你需要具备多种能力，并尽量在每个方面都达到一个基本水平，从而才可保证生命的存续，但前提是这些能力都不难掌握。

或者想象你是一个两百年前的农民，虽然你自己不会晒盐打铁，也不会采药治病，但你和你的家人会自产自销大部分东西，你会种上米麦豆粟等各种庄稼，还会圈养鸡鸭猪牛等各样禽畜。这样的环境下，你的确需要在多个方面做得尽量好，因为一旦哪方面做得不好，你的家人在这方面就会发生短缺。

作为一个当代人，随着社会分工和合作的演进，人和人之间的相互连接更加紧密。我们不再需要具备“无所不能”的生存技能，甚至如果你愿意，你可以一生都不用学习洗衣做饭。但是你需要在某些方面为社会贡献价值，来换回别人为你洗衣做饭的服务。所以你不用再要求自己面面俱到，只要你能像上述分析中的农民一样，在某个方面高效率地创造价值，你就可以获得生存发展的所有需要。

“优势理论”并非是自古以来就有效的理论，很多“优势理论”的支持者并没有搞清楚一个前提，即“交换”促进了“优势理论”发挥作用。伴随着商品交换所必然发生的，是能力的交换！**不同组织之间商品的交换，本质上是不同组织之间商品生产能力的交换。而在同一个组织内部，把不同成员相互连接在一起的，是不同成员彼此之间能力的交换。**

在发生大范围的交换以前，“弥补不足”的确是一种更加有效的个人生存策略，这就是为什么我们的文化基因里在不断强调“德智体美劳全面发展”“哪里不足补哪里”。但是进入以交换为主要特征的工商经济时代，“弥补不足”显然无法帮助我们过上更好的生活。

在一个组织内部，大家只有依靠彼此能力优势的交换和协作，才能让组织产生更强的竞争力。在一家典型的现代组织里，没有任何一个人可能做好企业价值链中的每件事情。如果在一个组织里，只有一个人，他全面负责产品研发设计、采购物流、生产制造、市场销售和客户服务等所有工作，那么这家组织最多只能在街边卖早点。

在一个富有竞争力的组织内，应当是有些人非常善于探索和研究，另外有些人非常有条理和计划性，还有些人不太谦虚善于营销，也有些人尤其强调公平和公正。这些人的能力各有专长，在研发、生产、销售、支持等领域保持专注并发挥自己的独特优势，通过能力的相互协作和交换，促进组织的发展，获得自己独自无法获得的回报。

如果把组织比喻为村庄，个人比喻为农户，组织和个人收益最大化的路径就是每个人都能塑造并充分发挥自己优势！但这种优势互补有个前提，就是大家能公平有效地交换彼此的优势。但人们普遍存在的高估自己能力价值的倾向，常常会让能力的交换（团队协作）产生冲突。对于团队协作这个话题，我们将在本章最后一节做详细分析。

社会的分工和交换，是我们采取发挥优势的策略，增加能力投入产出比的理性原因。另一个需要发挥优势的感性原因，则在于对自我印象的管理的需要。

11.1.4 印象的形成和影响

一个人的能力是否卓越，很多时候并没有量化的标准，而更多存在于周围其他人的印象之中。你的下属是否愿意追随你，你的上级是否愿意支持你，你的客户是否愿意相信你，全部取决于你在他们心中的印象，而非你自己的真实情况是什么样的。任何一个人既会对他人形成印象，也会在别人心目中留下印象，那我们是如何看待他人和被他人所看待的呢？

假设你要为一家组织筛选一位CEO，该岗位有五个方面的能力要求（其中一项是战略思维，其他四项也同样重要），你要基于这五项标准来面试五名候选人，从中录用一名最佳人选。

经过面试你发现，候选人A的战略思维非常卓越，显著高于B、C、D、E四位候选人，而其他能力跟其余四位候选人没有明显区别。显而易见，候选人A是最佳的选择，但如果要综合地给候选人A一个0～100的评分，你会打多少分？（　）

如果第二次有同样一件事情，依然要根据五项标准从五个候选人中筛选人才，经过面试你发现候选人甲的战略思维非常糟糕，显著低于乙、丙、丁、戊四位候选人，其他能力同样没有明显区别。很明显甲是首先被淘汰的候选人，但如果还是要综合地给甲一个0～100的评分，你会打多少分？（　）

我在课堂上收集的数百个数据统计显示，人们对A的平均评分是79分，对甲的平均评分是22分，相差57分，简直是天壤之别。你看出来这有什么问题吗？

如果我们对他人的评价是理性的评估过程，那么就会先客观地评价若干方面的表现，然后再根据权重求和。在上述案例中，五个维度应该各取20%的权重，因此就算某个能力项上的差异巨大（0分 VS 100分），最后对加权结果的影响最多也就是相差20分。但实际上人们对两人的总体评分差了接近3倍。也就是说，**人们对他人形成综合判断的过程，并非是一个理性的过程，而是更容易受到突出因素的影响。**

A在战略思维方面的突出优势，让人们在对其进行综合判断时，给予了更大的权重，甚至忽视了其他方面的不足，最终被高估。同样，甲的突出短板，也影响到了人们对他其他能力的判断，最终被低估。这种心理现象，被心理学家称为“光环效应”（也叫晕轮效应，Halo Effect），即人们对一个对象某个突出的特点、品质的印象，会掩盖对其他特点和品质的客观认识。人们的这种认知方式，就要求职场人需要采取一定的策略来管理自己在他人心里的印象。

大气中的冰晶把阳光或者月光折射后，形成一个比太阳或月亮更大的光环（也叫晕轮）。这个光环会放大太阳或月亮的影响范围，让我们忽视周围的其他东西。心理学家桑代克基于研究首先提出了“光环效应”这一概念，即表明人们具有一种以点概面、以偏概全的认知方式。

我们以为自己认识他人的方式，是基于全面的评价所做的客观判断，是不带感情的理性判断，各方面的因素都会得到同样的重视。但实际上我们并没有那么理性，我们的注意力往往会被那些最闪耀的品质所吸引，这些特质就像是光环一样，掩盖了其他品质，导致我们的印象实际上是“以偏概全”。

光环效应是人们不可避免的心理倾向，很多时候我们并没有那么多时间来全面深入地了解一个对象，我们很容易对一个人身上的突出特点形成初步印象，然后再从这个印象出发去“认识”其他特质。特别是当人们本身已经有一些刻板印象的时候，这种以偏概全就会更加显著。比如看到某人身上有文身，马上会觉得他是个“不良青年”，或者看到某个人很高，就会觉得他很会打篮球。

通常情况下，人们要是喜欢一个人，就会觉得他的一切都很美好，哪怕是他的浓重的家乡口音也很悦耳。如果不喜欢一个人，就会觉得他的一切都很糟糕，哪怕是他用的手机都是那么没品位。中国人有很多典故或俗语来描绘这种光环效应，比如“爱屋及乌”“一白遮百丑”“一人得道，鸡犬升天”“情人眼里出西施”“东施效颦”等。也有一些说法规劝人们不要受这种心理的影响，比如“不以一眚掩大德”“瑕不掩瑜”等。

光环效应的存在是不可消除的，并且他人对自己的印象也会决定他人如何采取行动，所以对职场人的发展而言，塑造自己的突出优势，打造自己的“光环”，管理自己的印象，是个人成长发展需要考虑的重要因素之一。

基于以上两个部分的分析，我们可以清晰看到社会分工交换和个人印象管理的需求，促使优势策略成为当前个人发展的首要策略。但是只关注发挥优势也是不够的，从“选拔CEO”的例子中我们看到，成长还需要管理致命的短板。

11.2　管理的致命短板

中国文化下的家长和企业管理者从不欠缺对个人短板的关注，对此的反思也触发了很多相反的观点。目前在管理培训和职业生涯规划领域有一种非常有市场的说法：“不要试图去弥补不足，要发挥自己的优势。”这句话的后半句在上一节已经论述，值得借鉴，但其前半句却并非毋庸置疑。

忽视自己所有的短板，是对人文主义精神不当的、过度的诠释。如果是致命短板，不仅不能忽视，更应该特别重视，因为它会让你的一切优势全部归零。而那些非致命的短板，虽然个人可以不用重点去发展，但依然需要予以关注，并借助他人或团队的力量相互补足。

11.2.1 让一切归零的致命短板

究竟是什么因素造就了顶尖卓越的管理者、企业家、产品经理、学校校长？是聪明才智？高学历？业务专长？还是丰富的经验？或许这些表面的东西都不够，应该再加上岗位独特要求的人际影响、冒险精神、思维敏锐、乐观豁达等深层的能力优势。但突出的优势是否是职业发展充分的条件？列举两个例子，也许可以帮我们更好地理解个人成长另一方面的因素。

第一个例子是西楚霸王项羽，他生逢乱世，相机而起，勇冠三军，叱咤风云。作为一个将军，他具有很多的优势："羽之神勇，千古无二"，无论是英勇果敢的决策，还是拔山扛鼎的体力，或者是激发士兵悍不畏死的激情，以及指挥军队的战略，都远超当时其他主要竞争对手，至少能够做到领域里的数一数二。但所有这些优势，在个人"刚愎自用"的致命短板的影响下，最后在乌江边都化为了泡影。

我们不能说项羽的职业发展不成功，至少所有本书的读者，几乎都不可能达到项羽的水平。从项羽的竞争对手刘邦身上，我们也许可以窥察从优秀到卓越的关键因素。刘邦运筹帷幄不如张良，行军打仗不如韩信，镇国抚民不如萧何，但是识人用人的能力却是极强的。我们印象中项羽几乎没有做过什么自己不想做的事情，而刘邦则通过对自我致命短板的管理，最终赢得了江山。他能克制自己的权力欲望和多疑（这种欲望和多疑在他晚年时彰显无疑），把权力给到有能力的人；在灭秦入驻咸且贪恋咸奢华时，他也能听从劝诫放弃财富和美色；在韩信要求封王封地时，也能暂时自我克制。

在这两个成败对比的例子中，关键的区别并不在于当事者本身是否有显著的优势，而是他们是否管理了自己致命的短板。**对于职业成长来讲，初期的成功要靠优势，而要持续地保持成功则还需要管理致命的短板。**从一名普通员工做到基层管理者，甚至中层管理者（或者中级的专家岗位）的过程并不太难，只要找到并发挥自己的优势即可。但是如果想要实现更进一步的发展，对致命短板的管理就必不可少。

我曾经在一家创业公司见到过一个年轻的销售副总，其致命短板给他带来了巨大影响。他情绪的稳定性很低，一次会议上因为一个观点和总经理产生冲突，他没有抑制住自己的情绪，直接在会上拍了桌子，吼道“你们搞，我不干了”。冷静下来后他知道自己只是说了气话，但其他高管成员却不这么认为，其结果就只能卷铺盖走人，后悔不已。

每个人在履行自己的角色、追逐自我的使命时，都存在致命的短板，心里都住着很多“小魔鬼”：激动、怯弱、自卑、轻信。这些“魔鬼”会趁你不注意时逃出来，把你所有其他优势带来的成果一笔勾销。人们出于自我保护的需要，会无意识地否认自己存在的致命短板，虽然承认自己的短板对个人大有裨益，但的确会伤害自我的虚荣心。

一个人如果从来没有做过自己喜欢的事情，他的一生只能用“悲惨”二字来形容；而如果一个人从来没有主动做过自己不喜欢的事情，只能说明他从未获得过成长。任何自我的改变和成长都不容易，不做任何努力就使得情况变好的事情从来就不会发生，这不符合宇宙的规律。而这种努力中，管理致命短板往往比发挥优势更加困难。正是因为这种困难，所以管理致命短板被放到了发展策略的第二位，但却依然是不可缺失的一环。

11.2.2 优势也可能是致命短板

宝剑锋利，却容易伤到自己；木棍滞钝，也有其恰当的用处，优势和短板在不同的环境下会相互转换。当代知名企业家史玉柱的故事是对此最好的注释：靠着豪赌的天性，他用6年时间从下海创业做到名列内地富豪榜第8位。同样也是因为自己的豪赌天性，让他逐渐走向了疯狂和毁灭，2年后因为巨人大厦的冒进而濒临破产，负债累累[①]。

成就欲望、冒险精神、人际勇气、思维敏锐常常是人们获取成功的关键，但很多时候也正是这些优势，把人引向了覆灭之路。发挥个人优势，在当前社会中的确是一个显著提升自我价值的策略，但如果把自己的优势随意泼洒，不加管理，其结果也会适得其反。

为什么很多优秀的人才会晚节不保，是因为在环境和角色变化下，个人的行为方式没有跟随环境和角色变化发生相应的改变，依然在采用过去的行为方式来应对新的角色要求。他们的失败，正是因为他们过去的成功，或者简单地讲，就是“成功导致了失败”。

人们会为自己的不善交际而感到苦恼，也会为自己的缺乏勇气而感到失落，但人们很少会担心自己的优势会不会过了头。一个善于说服影响（高影响性）的人，如果不懂得闭嘴去聆听别人的想法；一个极具警惕性（低信任性）的人，如果不知道何时应该去相信他人；一个不断创新冒险（高创新性）的人，如果无法适当权衡稳定可靠；那么他们的这些优势，就统统会变成在某些场合的致命短板。

虽然宝剑锋利会伤到自己，但没有人会试图把它磨钝。优势虽然也有可能会成为致命短板，也并不代表个人需要磨平自己突出的棱角。发

① 吴晓波. 大败局. 杭州：浙江人民出版社，2001.

挥优势和管理致命短板，就像是个人发展的右脚和左脚，发挥优势的右脚力量更大，但如果没有管理致命短板的左脚，也无法奔跑。就像企业家史玉柱，随着对自我认知的加深，他能逐渐克制并管理住自己的冒险精神，不仅从债务泥潭中抽身还再度成功创业，被誉为当代中国企业界的传奇人物。

有待发挥的显著优势有很多，亟须管理的致命短板也不少，在这两个发展策略的基础上，保障个人成长取得效果的第三个关键因素，是做出取舍，聚焦重点。

11.3　聚焦重点

表11-3是一位管理者的个人发展计划，你认为他有多大的概率可以全部实现这些目标？

表11-3　个人发展计划表

序　号	个人发展项
1	工作效率提升：按计划有序地在规定期限内完成任务
2	执行力提升：在各种困难环境下达成预定目标
3	沟通表达影响力：较强的书面表达和语言表达能力，对他人造成影响力
4	个性及职业素养：发展适合岗位特点的性格特质及素养
5	学习创新能力：学习借鉴书本或其他同行经验，主动地加以应用改进工作，开发解决问题的新思想和新方法
6	合作能力：无论是否在自己的工作范围内都可以与其他人愉快合作并且有效地沟通
7	工作严谨性：提升工作严谨细致的程度，关注工作细节
8	人际亲和力：与上级、客户、下属和同事保持和谐关系
9	战略前瞻能力：更加长远地考虑未来业务发展的方向
10	适应力：应对工作环境非常规变化的能力

这个人的个人发展计划，是不会有任何效果的。大多数人终其一生碌碌无为，并非因为做的事情不够多，恰恰相反，是做的事情太多，而没有保持对一些事情的长久专注。个人精力是有限的，如果期望每个方面都能获得成长，采用“撒胡椒面式”的策略，最终可能每个方面都没有变化。体积1立方米的泥土，放在1平方米的地上，高度是1米；若放在一本书上，可以达25米高；但如果撒在100平方米的地面上，则只有薄薄的1厘米高。**个人的成长需要聚焦重点，在某些方面实现实质性的成长，给个人带来的收益会远远大于在很多方面不可见的细微改变。**

基于之前两节的分析，我们聚焦发展的重点，主要源自两个方面：一是个人的优势，进一步塑造为显著卓越的优势；二是致命短板，需要管理，避免其带来毁灭性的影响。在每个阶段（通常一个季度到一年），给自己设定的发展重点最好不要超过3个。

基于你的个人使命，或者当前所处的岗位角色，在近期你最需要关注的发展重点有哪些？有哪些个人的优势项，可以进一步塑造为更强的优势？有哪些个人的致命短板，需要加以管理？设置成如表11-4所示的表格。

表11-4 个人发展重点

序 号	发展重点	为什么重要
1		
2		
3		

每个人都有很多优势和短板，个人无法成为完美的个体，如果发展也要聚焦到重点。那么那些没有被关注的短板如何是好？所幸人并非是孤独存活的个体，我们的短板还可以依靠团队互补。

11.4 依靠团队互补

曾经听过一个关于合作本质的比喻："合作就是盲人背瘸子。"这里没有任何对残疾人士的不尊重，只是比喻每个人的内在能力都是残缺的，没有人可以做到无所不能的健全。能力残缺的个体通过彼此的互补，就像上一节讲的农夫的故事一样，能抱团就会得到更多的收获。但团队的有效互补，并不是两个不同的人在一起就会自然而然地发生，而是一个更加系统和复杂的过程。

性格特质不同的人在一起，常常是"道不同，不相为谋"。而性格相似的人在一起，也不一定会"英雄惜英雄"，而可能变成"同性相斥"，就像我们都听说过的"一山难容二虎"。通过团队互补来实现个体和团队更大的价值，打造一支互补型团队，虽然非常困难，但并非无迹可寻。而要找到这条道路，首先需要看到所谓完美团队背后的不完美。

11.4.1 把不完美的人组成完美团队

世界上既没有完美的个人，也没有完美的团队！在面向领导者的"领导力觉醒"的课程上，笔者总会让学员思考两个问题。

问题一：如下两个团队，哪个团队更有可能成为卓越的团队？

问题二：这两个团队中，哪个团队更有可能成为糟糕的团队？

雷达图中五个维度代表团队所有工作所需的五个方面的能力，五条线表明团队中A、B、C、D、E五个人的能力情况，五个人在五项能力上的总分相等。

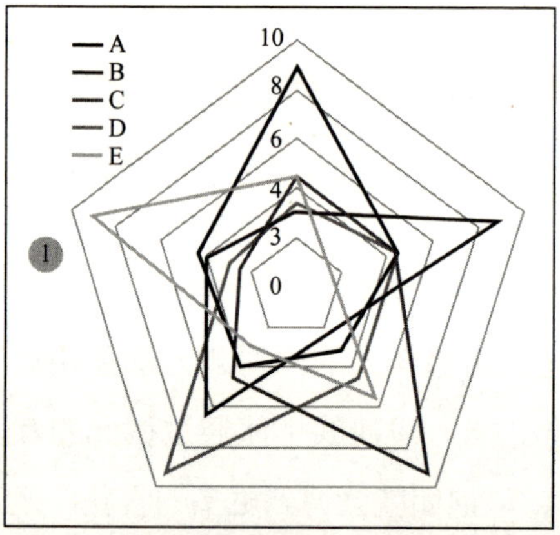

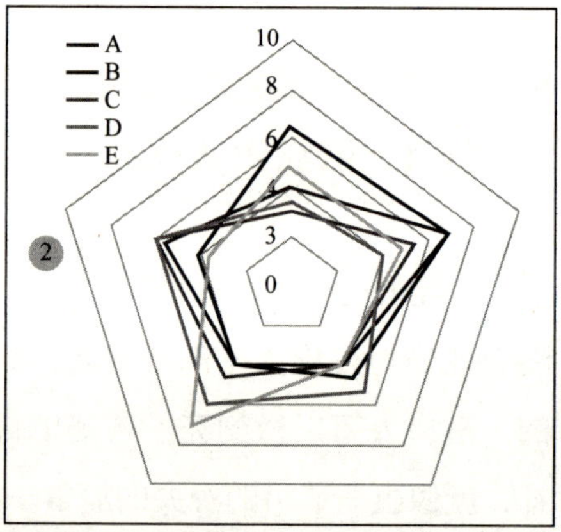

我想你阅读至此，会很容易得出答案：

答案一：团队1比团队2更可能表现卓越。

答案二：团队1也比团队2更可能表现糟糕。

答案一，是因为团队1的五个人可以分别把某方面的事情做到极致，然后作为一个团队彼此互补，得到更加完美的工作成果。答案二，是因为团队1的成员更加多样化，而多样化则更有可能带来相互的不理解和冲突，这对团队领导者的识人、用人能力要求更高，如若管理不当，团队1很有可能表现得并不如团队2。

正是因为有这样的实际矛盾，所以才显得领导工作的可贵：想要团队表现卓越，就需要凝聚一些各显神通、优势突出的成员；但这样的成员，往往也最容易产生严重的冲突，导致团队表现糟糕！最高的回报需要承担最大的风险，最高的品质也需要付出最大的成本。真是一念成佛，一念成魔。

从上面团队1和团队2的对比中，我们看到没有完美的团队，看似完美团队的背后，也隐藏了不完美的因素。要把不完美的个人，组合成完美的团队，需要先了解团队互补状态不同的三种类型，从这三种类型中，我们可以看到阻碍团队追求卓越的两大因素。这两大因素的发展，是组建高效团队的关键，也是自我成长策略的重要部分。

11.4.2 团队的三种类型

1. 雷同型

人的心理中有一种禀赋效应，即会高估自己拥有的东西。比如买了某个品牌的手机，除非有特别不愉快的体验，否则会自动地认为自己买的手机好。**人们会高估自己，也会爱屋及乌地高估自己所具备的一些特质的重要性。**抱负性高的人觉得抱负性很重要，公正性高的人觉得公正很重要，批判性高的人往往会认为低批判性的人无可救药，而信任性低的人则会觉得高信任的人就是“傻白甜”。

在这样的心理活动影响下，人们首先会表现得“物以类聚，人以群分”。因为工作关系，我经常有机会观察不同的团队，这么多年来发现两个现象：一是很多领导者在招聘下属时，会更青睐那些经验特质比较像自己的候选人，认为他们更有可能成功（因为自己作为成功的案例已经证明了这一点）；二是还有很多领导者，通过物质上和精神上的赏同罚异，不遗余力地把自己的下属塑造成自己的样子（领导者对他人的批评和辅导，都聚焦在自己做得比较好的那些方面）。

这样双管齐下的管理举措，导致很多团队都是“雷同型”的团队，这些团队的成员具有非常相似的行为方式、思维模式。雷同型团队的优势是大家就像一个人一样去思考和行动，很容易达成共识，工作富有效率；而其挑战，则因为缺乏不同视角和行为方式的互补，不能很好地适应环境的变化，应对不同类型的挑战。

雷同型团队中，由于大家行事风格相近，因此也容易相互理解。这样的团队既不会产生很大的问题，也很难产出令人欣喜的成果。如果按照团队有效性从1分到5分评价，雷同型团队基本上能拿3分。因为这种团队可以履行团队的基本功能，并且是团队领导者最舒服的工作环境，所以雷同型团队是当前最常见的团队类型。

2. 冲突型

许多雷同型的组织和团队，发现自己无法处理环境变化带来的多样化的挑战，于是开始认可多样性的价值，着手从外部招募一些具有不同背景和经历的人才。不过很多这样的尝试都以失败告终，因为一群做事方式、信念假设都不同的人天天在一起，往往是大家都不舒服。就如同大部分浪漫爱情指引下的婚姻，也敌不过婚后琐碎生活矛盾的破坏。

个性特点、知识结构、职业经历的差异化并不必然带来冲突，但如果这些差异化不能服从于更高层级的统一，冲突就不可避免。个人的成长，需要个人的使命作为方向；而团队的发展，则需要团队有共同的使命，包括共同的目标、价值观和互动模式的指引。如果团队中每个人都自我中心地按照自己喜欢的方式来处理问题，就会导致团队中产生大量的冲突。

同样从1分到5分来评价团队有效性，差异型团队基本上就只有1～2分，他们把很多时间放在彼此敌视、试探、攻击上，只关心自己的需求和想法，而忽视了团队真正共同的目标。因此相比较于雷同型团队，冲突型团队都比较“短命”，并且会以不太愉快的方式结束，最常见的就是少数派和新加入者的离开。

3. 互补型

等到有一天，团队中的“盲人”开始欣赏“瘸子”的“眼光好”，“瘸子”开始欣赏“盲人”的“行动力强”，他们能为了共同的目标而放下歧视、共同努力的时候，团队就开始从冲突型向互补型进行蜕变。互补型团队和冲突型团队最大的区别，就在于大家有共同的目标、价值观，并且建立了去中心化的互动模式。

在互补型团队中，每个人都需要做好自己擅长做的事情，同时客观地看到他人工作中的难处和闪光点，以及自己工作中存在的不足之处，而不是扭曲事实、推卸责任。在互补型团队中，之所以团队成员差异化的经验、能力和个性不会产生冲突，是因为团队中的个体共享了同一个使命和价值观，愿意为了共同的目标和愿景而管理自己。

互补型团队中每个人都能发挥自己的优势，同时在自己不足之处有他人的补位，因此有最好的表现。同样按照1分到5分评价，互补型团队的团队有效性可以达到4～5分。可惜美好的事物总是很稀少的，互补型团队很难自然产生，除非是极有经验和智慧之人，否则不可能塑造出一个互补型的团队。

从上面三种团队类型的分析中可以看到，阻碍团队成为卓越的互补型团队有两大因素：一是团队同质性太高缺乏多样性，导致团队成为雷同型团队；二是多样性的互补优势得不到发挥，多样性反而产生更加负面的影响，导致团队成为冲突型团队。打造一个卓越的互补型团队，就需要解决这两方面的问题，尤其是第二个问题。

11.4.3 如何打造互补型团队

由不完美的个人组成完美的团队，并非是简单地把人组合到一起，而是把人凝聚到一起。这种凝聚不仅需要团队成员各有显著的优势，更需要团队有共同而强烈的使命和价值观，团队成员之间彼此相互了解与尊重信任。基于上述分析的两重阻碍因素，打造互补型团队有两步。

第一步：组建多样化团队

打造互补型团队策略的第一步，是组建多样化的团队。**但多样化并非是完全不同，而是核心特质相似，非核心特质互补。**核心特质是团队使命职责所依赖的成功关键，在这些特质上彼此相似程度高一些，会避免一些不必要的冲突和磨合。

核心特质的要求是相似，而非完全相同。因为要找到具有完全相同核心特质的伙伴非常困难。因为人的独特性，要求的标准越多，符合条件的人越少：比如找女朋友，如果要求只是个女的，可选范围很大；如果没有性别要求，可选范围更大；如果要求肤白貌美、名校毕业、身高一米七、家中三套房，那基本上就没得选了。

除了核心特质要相似，其他属性可以多样化一些，包括知识、技能、经验和个性特质等。随着科学研究触及越来越难的瓶颈，新的突破数量上越来越少，时间上越来越久，社会发展更加依赖于科学技术的跨领域整合，因此各个领域内知识技能的多样化整合会是团队的一大优势。另外，不同的经验和个性特质，也会赋予团队面临环境变化时的更强的适应能力。

第二步：维护多样化团队

再好的汽车如果没有维护保养，使用寿命也会大大缩短。同样，一个多样化的团队，如果不去刻意维护，也会演变为冲突型团队，或者在一位强势领导的管理下被同质化为雷同型团队。打造互补型团队的关键，不在于个性特质的组合，而在于更高层级的意识的开发。主要包括三个方面的举措。

1. 形成团队共同的使命愿景和价值观

使命是一个组织或团队为什么存在的意义，愿景是组织团队努力的方向，价值观是团队如何存在的行为规范。**团队成员的个性可以各异，能力可以不同，但必须要有共同在一起的原因，共同努力的目标，以及如何行事的准则。**这种目的和准则的存在，会时刻作为对团队成员的角色要求，约束团队成员个性的本能表现。由于需要每个人的认可，因此团队所有成员参与的研讨，是制定团队使命目标和价值观的最佳方法。

2. 增加团队成员对自己和彼此的了解

对多样化的欣赏，建立在对多样化的充分认识基础之上。一个人既不自知，也不知人，就根本不可能看到人的多样化，又如何谈得上欣赏多样化。多样化带来的冲突，很多时候并不是因为不同，而是因为无法预测。如果你能准确预知其他人的行为，你就不会产生愤怒，因为这种预测会使你更有控制感。控制感的缺失，是愤怒产生的主要原因。团队成员对自己和彼此的了解越多，就越能预期大家的行为，减少“惊喜”和“惊吓”。在一个轻松的环境下，团队成员做一次深度的自我介绍，开展一些相互的提问和反馈，有助于提升团队成员对自己和彼此的了解。

3. 帮助团队成员成为去自我中心的成年人

基于对自我和他人的了解，互补型团队的成员还需要成长为一名真正的成年人，一个不再自我中心的人：客观认识到自己的心智模式，以及所处环境的要求，做事不再只考虑自己的喜好，而是兼顾自己的角色和团队整体的需求。如果一个团队有很多心智不成熟的“巨大儿童”，他们全部从自己的角度考虑问题，这个团队就不可能成为一个有凝聚力的团队，也就更不会有战斗力。去自我中心要建立在对自我的深入认识及对自己所处环境和角色的敏锐洞察之上，阅读本书会是一个不错的选择。

以上三点对塑造互补型团队至关重要，至于其他事情，比如建立相互的信任、定期的沟通、工作之外的交集、绩效目标管理、人才培养发展、团队分工协作机制等，虽然也很重要，但如果有了前面三个方面的举措作为基础，这些事情相对就比较容易了。

个人的成长发展在使命方向的指引下，有了去自我中心的根基和以发挥优势为主的策略，最后需要的是系统而具体的方法，切实有效地促使个人得到成长。

第 12 章 成长发展的方法：系统地行动

关于成长发展的方法，有的读者心里可能会想，我从小学到大，难道还不会学习么？实际上，绝大多数人都不知道如何有效地实现成长发展。有的人认为成长发展的方法是不断总结反思，有的人认为实践才能出真知，也有人相信“敏而好学，不耻下问”，还有的人相信“勤向窗前读六经”。这些方法都没有问题，但一位高效的学习者，应该知道得不止如此，成长发展是一个更加系统的过程。

12.1 立体地学习

一个事物整体的巨大改变，必然是从其构成要素的微小改变开始的。参天大树的成长，离不开形成层细胞的不断分裂；鞭炮的轰然炸裂，离不开硝、碳、硫等物质的化学反应；而职场人的能力提升，则离不开内在各种心理属性的共同变化。细胞分裂虽然多，但每次分裂都会遵循固有的流程；化学反应虽然快，但原子的重新排列组合都有理可依；同样，职场人心理属性的成长，也有其内在的逻辑。

12.1.1 成长的路径

我们追求的成长发展，不仅是为了达成更好的工作结果，更是在追求不断提升自我。不论是结果的达成，还是自我的提升，都离不开行为的表现。你的所为即所是，如果一个人的行为没有改变，则不可能证明自己获得了成长，也不会带来任何结果的改变。要搞清楚行为如何变化，就需要先了解行为是如何产生的。

人所表现出的所有行为，都会受到内在属性和外部环境的共同影响，但终究会由自己的社会角色和价值观来直接决定。比如早上是不是要准时到岗，取决于个人对迟到是否可接受的价值观；要不要为武汉捐款抗击新冠肺炎疫情，取决于个人认为这样做是否必要；在员工面前要不要表现出权威，也取决于我们对领导者角色是否应该这样做的认知。

在这个过程中，我们所掌握的知识、技能和经验，会以非常容易被意识到的形式参与到行为中。比如你对上班路线和耗费时间的了解，捐款方式的搜索和付款的技能，如何批评他人的技巧等。冰山以上的能力成分，对行为的表现非常重要，如果你不会查阅地图规划路线，第一天上班准时报道就是一个“不可能完全的任务”；对如何塑造权威形象的知识的匮乏，也会让你的权威塑造大打折扣。但相对而言，这部分容易被意识到的能力成分是比较容易改变的。

除了角色价值观的直接影响，知识技能经验的有意识参与，行为过程还会受到冰山下的心理因素的巨大影响，并且这种影响常常不被我们所意识到。比如有的领导者觉得应该开除某个低绩效员工，但总是逃避直面这个场景，他很难看到这是因为自己缺乏勇气的缘故。或者有的人做事容易拖延或折中，不能保持对事情的专注，经常虎头蛇尾，他也不容易看到这是自己自律性和责任性低的原因。

大多数人会觉得我们的角色价值观影响了我们的个性，但事实正好相反，我们的角色价值观更多是被个人的个性所决定的。前瞻性低的人会认为理想愿景过于遥远而没有价值；好奇心强的人会觉得做重复的事情没有意义；坚韧性低的人宁愿放弃一个业务机会也不愿意卑躬屈膝。人们很容易混淆“喜欢做”和“应该做”，他们很难看到自己喜欢做的事情中有些是不应该做的，自己不喜欢做的事情中反而有些是应该去做的。**一个人越是缺乏自我认知，对自己没有清晰的认识，考虑问题越是以自我为中心，他的行为就越可能受到冰山下的无意识的个性特质的影响。**对上述行为过程的分析如下图所示。

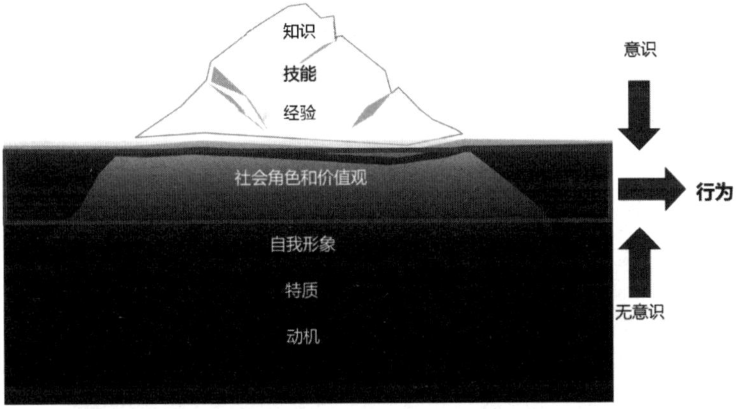

学习和成长的过程，是对自己行为的纠正和塑造。根据上述对人们行为过程的分析可知，成长首先需要正本清源的是对社会角色和价值观的认识。只有当一个人认为某件事情有价值，是自己应该要去做的事情时，他才可能真正采取由内而外的行动，否则也只是对外在环境要求的被动敷衍。

角色与价值观的改变并非易事，但冰山下的个性则更难改变。**俗话说“三岁看大，八岁看老”，要让人们去改变过去数十年来固化下来的行为方式，极其困难。**可是由于个性对行为的重要影响，因此虽然可以不用强求个性的改变，但应该管理个性，使之在不同的角色下可伸可缩。

改变了的角色和价值观，在解决了内在个性的制约后，可以指引个人主动学习新知识、获取新技能。人们很容易获取新的知识和技能，通过阅读、交流、练习，可以不断提升这一能力要素。但容易得到的东西也容易失去，尤其是知识的学习如果没有实践的巩固，会很快被遗忘。

知识技能的学习掌握固然重要，但读万卷书不如行万里路，运用这些知识技能来解决问题的经验更加重要。经验作为一种综合性的过程，它的获取会直接带来能力的成长，包括相关的知识、技能、价值观和对自我的认识管理。这些心理属性改变的过程，即个人成长发展的过程，如下图所示。

最后需要补充一点，心理属性依赖于生理属性而存在，所有行为都要通过言语和行动来表达。如果没有健康的身体做支撑，没有足够的生命长度，所有能力的发挥都会受限。因此最后一个需要个体关注的发展性因素就是身体的塑造。

基于以上对人们行为产生及改变的心理过程的分析，可以推导出成长发展是一个立体的学习过程，包括五个方面的发展，分别是：① 角色的认知；② 个性的伸缩；③ 知识的沉淀；④ 经验的积累；⑤ 身体的塑造。

12.1.2 角色的认知

个人立体成长的关键，首先是对自己角色的认知，包括由此带来的价值判断标准的认识。有两个阻碍因素会导致我们无法清晰地在自我角色的承担上做出抉择：一是没有认清自己的角色；二是无法在多个角色间做好平衡或抉择。

由于“自我中心”的思维方式，人们无法客观地认识环境和自我，不能客观地区分“应该做”和“喜欢做”，不知道自己应该承担的职责是什么，哪些才是正确的做法。克服角色认知不清的阻碍是困难的，当我们去追问“我应该做什么”时，我们常常会发现没有标准答案，甚至连最睿智的老者都无法给出令人立即信服的建议。对错、轻重和个人的立场、特点及需求分不开，在一个人看来正确（或重要）的事，在另一个人看来则未必正确（或重要）。

角色存在于人们彼此的关系之中，本质上是权利和义务的集合，得到满足和满足他人的交换。因此，当我们对自己扮演的角色不清晰时，应该思考的方向是，做什么才会更好地满足他人。当然这种满足并非对方要什么就给什么，而是从和对方组成的团队的共同利益出发，满足对共同角色关系有利的需要。

比如公司总经理的角色，是与股东、董事长、副总及其他管理人员、员工的关系的总和。因此一个总经理应该做的事情，就是对整个公司有利的条件下，尽量满足上述相关人员的需求，让他们的工作更容易开展，获得更多需求的满足。一个家庭成员的角色，是与父母、子女、兄弟、配偶的关系的总和，作为一名家庭成员的角色，就是尽量让大家感到关爱、温馨，满足大家的情感和生活需求。

当然，小团队既属于更大的团队、组织，也属于某个社区、社会和国家。按照人们的本性，小团队的归属会优先于大团队的归属，越是有凝聚力的团队，就越会展现出对其他团队的敌意。但对角色的定义和履行，应该为所在的更大的集体带来利益，或者可能没有好处，但至少也不会有伤害。作为家庭的一员让家人过上更好的生活是应该的，但这并非是偷窃抢劫合理化的理由。同样，让公司发展壮大是创业者的义务，但通过引诱他人堕落来获得增长，同样是一件即使在法律意义上无罪，但在道德意义上充满罪恶的事情。

鉴于以上的分析，澄清自己的角色，我们需要了解他人的需求，以及对我们的期望，可以采取观察、反思和询问等方法：观察其他处于相同角色的人是怎么做的；不断反思什么才是对他人真正有利的事情；询问你的下属、同事、上级和客户的期望。**这些方法共同的关键在于，找到对他人真正有利、对全局真正有利的事情，而不只是喜欢这样做。**从职业发展的角度，这种角色的认知，即本书第三部分对岗位职责的分析及对个人使命的终极探索。

如果克服第一个阻碍充满困难，那么要消除第二个阻碍则几乎不可能。每个人处在特定的环境和关系中，就会有特定的角色。因为环境和关系的多样性，每个人都会有很多角色。由于资源（时间、精力、金钱等）有限，一个人很难把自己的每个角色都做得很好，因此角色之间的冲突不可避免。假如你在一家初创期企业工作，你会被期望辛勤投入、加班加点，这是一个创业企业员工的典型角色，但同时你的孩子即将出生，作为父母的角色，你不得不为抚养并关爱孩子尽到责任。此时，这两种角色就会产生冲突，个人就需要做好平衡和抉择。

大多数人都学会了通过时间、空间、资源的错位和调配，来尽力兼顾不同的角色。比如：工作日多加班，周日多陪家人；让老人搬来与自己同住；给配偶买奢侈品来弥补没有陪伴的缺憾；等等。虽然我们可以想尽办法努力兼顾那些重要的角色，但很多情况下我们不得不做出痛苦的抉择。

假如你领导了一个团队，由于业绩表现不佳，你被要求优化团队人才结构；可是作为团队的负责人，你也承担着维护团队的工作。也许你认为可以事先避免这样的事情发生，但当面临这样的角色冲突时，你就不得不在两种角色间做出取舍。同样，那些背井离乡外出务工的农民工，何尝又不是在对家庭成员“生存供养”的角色和“情感陪伴”的角色之间，选择了前者。

一个为了家庭而放弃事业的人和一个忽视了家庭追求事业的人，没有人敢说谁做得更对；一个维护组织利益而不顾小团队的领导和一个宁愿得罪公司也会体恤下属的领导，没有人敢断定谁做得更好。由于没有绝对的标准，在面临不可兼顾的角色冲突时，最高的判断依据，只能源自你对不同角色重要性的感受，即你内心的需要。

归根结底，对自我角色的认知就只有一个问题：这是我应该做的事情吗？但如前所述，“应该”总是被“喜欢”所挟持，人们经常会退缩到自己舒适的空间中去，而忽视了角色的要求。**角色的认知需要的并不是抛弃个人的“喜欢”，而是不被“喜欢”挟持客观地认识到“应该”。**

个人的成长发展，在认识到角色的要求之后，紧接着最重要的内容是，个性的伸缩。

12.1.3 个性的伸缩

由于个性对人的行为影响巨大，又难以改变，因此在角色认知的基础上，个性是最重要的发展因素。个性是在长期的成长经历中不断积累形成的，其改变也需要在长期的实践和经历中才能发生。**如果想要更快地取得自我发展的成效，与其去改变自己的个性，不如通过适当的管理**

使之富有“弹性”，能够适当伸缩，以符合自己的角色要求。

以万科创始人王石为例，作为一个抱负性、影响性、支配性都很高的企业家，当组织发展需要培养接班人来替代自己时，他主动选择从总经理到董事长的角色转变。他克制了自己在抱负性、影响性和支配性方面的行为习惯，给予接班人更多的自主空间和试错机会。在这个过程中，这些行为习惯并未改变或消失，而是在攀登珠穆朗玛峰、探险南北两极、求学于哈佛剑桥等经历中得到了满足。在这个角色的转变中，他认识并履行了自己的新角色，表现出了更具伸缩的行为。

在人的不同的内在属性中，知识技能具有很强的“塑性”（塑性是指撤销施加的外力后，物体产生永久变形），而个性则表现出很强的“弹性”（弹性是指撤销外力后，物体恢复原状），这就决定了个性发展的有效方法，在于使之能伸能缩。**当你的个性越能伸缩，你具有的能量就越大，就越能超出自己个性本能的控制，将对角色的认知转化为具体的行为。从这个意义上讲，人生的高度，取决于个性伸缩的长度。**

欧文·白璧德认为，真正的美德，是协调与自身相反的美德[①]。人通过融合与自身相反品质的能力，来显示自己的人性，也显示其高于其他动物的优越本质。自然界中很少见到温顺的老鹰、勇猛的鸽子，但人人类社会中，很多健谈的人会闭上自己的嘴，沉默的人会发出自己的声音，乐观的人会看到未来更糟的可能。这种对相反美德的协调，本身就是自己内在个性的“弹性表达”，这是优秀的人才身上所应达到的基本境界。

个性的伸缩同样也是避免极端行为的内在基础。“出于实用的目的，适度的法则是最高的人生法则（欧文）”，无论西方的“凡事切勿过度”，

① 美国人文杂志社编. 人文主义全盘反思. 北京：生活·读书·新知三联书店，2006.

还是东方的“过犹不及，中庸之道”，都在论述极端行为的风险。过于善良则显得懦弱，过于公正则显得无情，过于理性则显得残忍，过于感性则显得无能。一个成熟的人一旦能够根据角色的要求，来伸缩自己个性的行为展现，这种“走极端”的风险就不会发生。

个性的伸缩，并不意味着一切居中，不高不低最好。因为社会发展的分工和协作，以及个人在他人心中印象的重要性，个人依然需要发挥优势，追求极致。这个看似冲突的矛盾，并非是不可调和的，其关键在于“自我的觉醒”，即把显著的优势和致命的短板，都置于“觉醒”的监控之下。

就好像汽车的减震弹簧，当汽车行驶在平坦的道路上时，它不会发生作用，一旦路况发生变化，它才会伸缩自己来稳定汽车和保护驾驶者的安全。个性的伸缩，也不是要求个人在所有时刻、所有方面都要表现得跟自己的内在个性截然不同，而是对自己所处的环境和所做的事情有时刻的觉察，一旦面临环境或角色的变化，能及时管理并调整自己的一些言行，避免由于固有的行为方式对自己、他人或工作任务造成伤害。

也就是说，当一个人具备“全面的觉醒”后，在大多数时候都可以发挥自己的优势，做一些有激情的事情。但是如果环境或角色发生了变化，他也可以及时地觉察，并伸缩自己的个性，做应该做而不是自己喜欢做的事情。如果你的工作每天都要做大量与你内在个性不符的事情，过多的“个性伸缩”会很快耗尽你的能量，此时你应该尽快考虑换一个工作，而不是一直“跟自己过不去”。

内在的个性特质是人们行为的内在驱动因素，无论是处理人际冲突，还是思考工作计划，每个人都有自己的一套心智模式。通过对内在的个性特质的觉察，并根据角色的要求伸缩自己个性的表现，即使是发挥优势，也应当处于自己的监控之中，只有这样，成长和发展才能真正实现转变，否则所有知识的沉淀、经验的积累，都无法发挥其应有的价值。

12.1.4 知识的沉淀

如果“性格决定命运”，那么“知识改变命运”。对世界的探索和认识，可以帮助我们更好地理解并应对自己所处的环境和遭遇。天真和无知并不代表可爱，苏格拉底说“无知即罪恶”，缺乏知识，对个人、家庭和社会都会带来巨大的负面影响。

在农村，有人用草木灰或泥土来敷伤口，东西方都流行过并且现在还有人采用放血疗法，据说在有的国家人们给生病的人喝牛尿治病，等等，这些无不是由于缺乏知识而导致的无知。**获取知识和技能很容易，但要克服无知却很困难。**人们更愿意凭借自己的经验和感觉对问题进行判断，而不是去追寻事情的真理。

假设你比较倒霉，在过去10年被盗贼深夜入室偷盗了10次。你家养了一条狗，每个月有4天晚上会叫。如果在你睡眠不佳的情况下有盗贼入室，并且忠诚敬业的狗有99%的概率会叫。请问如果某天晚上你的狗在叫，盗贼入室的概率是多少？ 99%？ 80%？ 30%？如果你知道贝叶斯定理，这个问题并不是个难题，实际上如果你某天半夜听到狗叫，那么只有2%的可能性是盗贼入室。

假设你的书房着火了，火势不太大，你桌子上有一杯开水，一杯冷水，你是否觉得用冷水来灭火效果会更好？一般人依靠直觉会认为用冷水来降温会更快，但如果了解了以下知识后就不会这么想了。燃烧需要同时具备燃烧物、氧气（或助燃剂）和温度，开水蒸发带走的热量远远大于把冷水烧开的热量（快速降温），并且水蒸气会减少空气中氧气的浓度，了解了这一知识后你就会毫不犹豫地先把开水泼过去［水的比热容 4.2×10^3 焦耳/（千克·摄氏度），即把1千克水从0度烧到100度，需要

420千焦能量；水的汽化热为2260千焦/千克，即把1千克沸水完全蒸发成气体，需要2260千焦，是前者的5倍]。

有的人更愿意相信盘古开天辟地，而不是宇宙大爆炸，因为前者更形象生动，更容易理解；有的人也更愿意相信灵魂的轮回转世，而不是生物进化论，因为人们看不到跨越千万年的物种变化，也不想接受自己终归于无的事实；有的人坚信绿豆汤（或者别的什么药酒）能包治百病，而不知道安慰剂效应，更遑论正交设计和双盲试验。

所有愚蠢的偏见及迷信行为，都源于无知，或者急于给出自己对问题的看法和判断，哪怕自己对这些问题根本一无所知。这种急于持有某种判断的做法会让自己感到舒适，但这些判断却会给自己带来很多麻烦。一旦我们形成了一个信念或观点，就会不断地寻找更多的信息来证明这种信念或观点，而对相反的证据却视而不见，这在心理学中叫作证实偏差。

要让人们承认自己无知，或者承认自己错了，是很困难的事情。很多人会一错再错，不断地为自己的错误辩解，最后只能是一错到底。**所以如果说无知是恶，那么对自己无知的无知，则是更大的恶。**想要获得持续的成长，个人需要打破自己已有的知识体系，不被已有的观点所束缚，围绕自己的使命，不断吸取新的知识。

人类对真理的探索，总是在不断地打破旧理论、提出新理论，然后新理论成为旧理论，再被更新的理论所替代。比如从经典力学，到相对论，再到量子力学；或者从地心说，到日心说，再到星系理论。人类共同知识的探索和革新是容易的，因为这个过程通常都发生在新学者对老学者的否定中。而个人内在知识的探索和革新却极为困难，因为我们很难否定自己。

即便是愿意做自我否定的人，在获取知识时，也会受到内在个性的影响：好奇心强的人容易获得更宽泛的知识，理论性低的人容易获取更能实践的知识，分析性高的人则容易得到与数据和事实相关的知识。我们需要看到自己所偏向的知识领域，并客观认识这种偏向是否会是一种局限，以此我们才可能获得对自己能力成长有价值的知识。世界上的知识何其浩瀚，一个人不可能全部都掌握，个体应该围绕实现自我使命或者岗位角色的需要，去尽量吸取更多知识，掌握更多技能。

12.1.5 经验的积累

读万卷书，不如行万里路。**知识技能的沉淀，如果没有实践经验的验证与升华，使之真正成为自己的东西，表现为行为的一部分，那么也就不能成为能力。**熟读《孙子兵法》的人很多，但并不是人人都能带兵打仗；拿到管理学博士学位的人很多，但他们当中的很多人都做不好管理；掌握驾驶技能的人很多，但要在崎岖狭窄山路上行驶却并非易事。

角色的认识、个性的伸缩、知识的沉淀，都是人的各种能力要素的发展，但人始终是一个整体，所有这些要素必须协调起来才会表现为能力的成长，经验则是所有这些要素的试验场。就算给你五星级大厨使用的食材、设备和烹饪菜谱，你也很难达到专业厨师的水平。火候、佐料、时间、手法这些要素会交集在一起，只有丰富的经验才能将它们融汇，表现为真正的厨艺。

很多人愿意学习，却不敢去实践和经历。认识到应该去做但不去尝试，等于没有认识到。以为自己可以管理好自己的个性，但不把自己放到挑战性的场景下，这种自我管理也只是自我安慰。还有那些不能被你用起来的知识和技能，都会还给你的老师。经验的积累，更能让你体验到事情的细微之处，而阻碍个人能力成长的“小鬼”，都藏在这些细节里。

要完成自己的使命，实现真正的成长，就像成为一位大厨一样，丰富的经验必不可少。表12-1列举了一些职场挑战性经验。回想下你的职业生涯，你经历过其中的哪些呢？也许你会发现，需要去做的事情还有很多。

表12-1　一些职场挑战性经验

序　号	挑战性经验	经验描述
1	面对错误或失败	由于个人原因产生的失败或错误，坦诚面对并对自己有清晰的认识
2	降职/职场冷遇	职业发展的停顿或下降，有助于重新认识自己，锻造坚定的毅力和复原力
3	个人生活磨难	在个人生活的早期，或者在近期面对生活逆境时，表现出抗压能力和价值观的塑造
4	新市场/产品/流程的开拓	找到内外部客户的潜在需求，通过产品、流程的创新更好地满足客户需求
5	负责跨部门/组织项目	与其他部门、组织开展密切沟通和协作，推动在复杂环境下达成目标
6	团队的组建和管理	根据业务目标组建并有效管理团队，展现凝聚团队和发展人才的能力
7	职业重大转换	在明显不同的职业间做出转换，寻求个人激情与使命
8	裁员	收缩或者优化团队结构，展现出处理人际冲突的勇气
9	管理陌生领域	脱离原有专业领域，快速学习新知识，适应陌生领域的管理要求
10	国际外派	长时间在他国驻点工作，提升融入跨文化团队和环境的能力
11	损益单位管理	管理对财务结果负责的业务单位，展现财务管理能力，如成本、现金、周转等
12	扭亏为盈	采取综合性举措止住业务下滑，推动业务结果不断好转
13	解决重大危机	处理舆情、安全、资金等方面的重大危机，快速洞察问题并做出决策
14	总部战略岗位	站在全局思考问题，展现宏观、系统的战略思维能力
15	全球/跨国项目	管理全球性或跨国的项目，提升全球视野和跨文化管理能力
16	推动变革	基于对当前的不满或未来的期许，推动组织的文化、流程等发生改变

有一句话是“失败乃成功之母”，但仅有“失败”是不会有“孩子”的，“成功”的出生离不开他的父亲——“成功”，“成功乃成功之父”。经验不只是做过，而是要做成，或者至少从失败中反思总结了导致失败的内在原因，这种经验才是对能力成长有效的。

很少有人能历经所有上述的考验，还有一些重要的挑战也无法全部一一列举，但经验的多寡，往往会影响个人面对新的挑战时的准备程度。**经验不仅是能力要素融合的试验场，也是触发个体不断调整角色认知、管理自我和沉淀知识技能的催化剂。**在不断的经验积累中，能力的各种要素可以得到更多的输入和矫正。

经验的匮乏，会使一个人脱离实际环境，走向“实事求是”的反面，用教条来指导自己和他人的工作。“纸上谈兵”的故事还在我们周围持续上演，希望你不会成为下一个“赵括”。

12.1.6 身体的塑造

苏格拉底主张首先要培育人的美德，然后要有广博的知识，最后他还主张锻炼身体，因为健康的身体对体力活动和思维活动都是有益的。生命很短暂，不健康的生命更加短暂，维持健康良好的身体状态，可以为我们争取到更多的时间，去做更多有意义的事情。

人的行为会影响内心的感受，比如你皱着眉头，你就会体验到焦虑；放声大笑，你就会体验到开心，你身体的状况，也会影响到你的内在成长。长时间久坐不动，会让自己觉得紧张、空虚或枯燥。运动会促进人体分泌一些激素，如内啡肽、多巴胺，这些激素会令人感到愉悦、满足，帮助人们转移注意力，纾解紧张或郁闷的情绪。

身体的塑造不仅带来健康的身体和充沛的精力，更重要的是，在这个过程中体验到对自我的控制，这会增强人们的自我形象和信心。顺便说一句，去整形医院追求更好看的外貌，虽然也是身体的塑造，会在短时间内增强对自己的满意度，但这种塑造很难帮助个人真正建立起信心，这不是本书所讲的“塑造”。

身体的塑造既不复杂也不困难，无外乎是合理的膳食、恰当的运动、规律的作息，因此本书不做过多说明，毕竟成长力觉醒不是健身达人指南。身体的塑造虽然不困难，但很多人却很难持之以恒，这方面的挑战在个人学习成长的行动中同样存在，应对方法将在12.3节中论述。

角色的认知、个性的伸缩、知识的沉淀、经验的积累和身体的塑造，这五种成长构成了个人立体的学习。我们要看到这些要素的成长并不是彼此独立的：知识的沉淀会帮助个人开阔眼界，正视自己的角色，角色的认知又会帮助个人管理自己的个性，而这种管理无疑对获取更多经验具有好处。这些要素的发展，离不开有效学习方法的支持，对于成年人而言，学习的方法其实并不高深，主要包括三个步骤。

12.2 学习的步骤

成年人的学习方法有很多，比如测评解读、辅导反馈、面授课程、在线学习、跨界交流、同辈学习、行动学习、项目实践、以教代学、情景演练等，这些方法形式多样，无法穷尽。本书把这些学习方法全部打碎，从中提炼了三个核心的学习步骤：信息

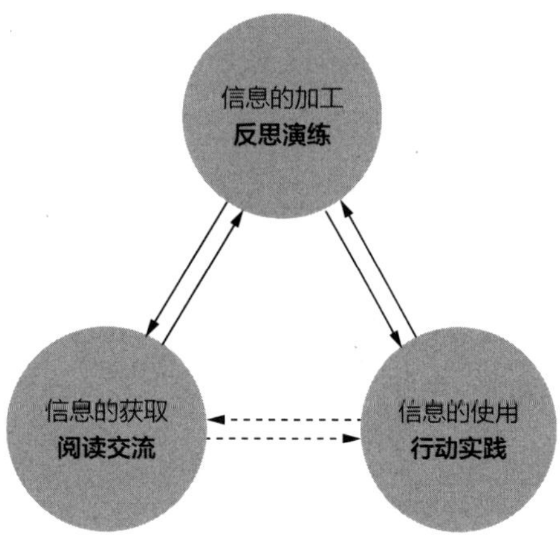

的获取、信息的加工和信息的使用。

首先是信息的获取，最重要的方式是阅读和交流；其次是信息的加工，这依赖于我们的反思和预演；最后是信息的使用，表现为行动的实践。行动实践会反过来提供更多反思的素材，进一步指出还需要获取的信息。这三者彼此关联，互为先后，共同构成了人们有效成长的闭环。

12.2.1 阅读交流

成长在于变化，而变化需要不同，有效学习的第一个关键步骤就是“新陈代谢”，通过阅读、观察、请教、听课、对话、反馈等方式，获取新的信息。这些学习方法我们并不陌生，因为我们过去接受的大部分关于学习的指导，都专注于“信息的接收”。但信息的接收，并不等于“信息的获取”，要把这些信息变成自己的，首先需要的是开放的心态，尤其是对未知事物和相反观点的接纳。

社会分化、学术分科、专业分工，导致人和人之间的相互理解越来越困难。我们都说着同一种语言，但我们的知识结构和观念却大相径庭。如果人们始终以自我为中心地考虑问题，不去尝试理解彼此的差异，那么这种难以理解就会演变为冷漠和敌对，人会退缩回到自己的一亩三分地，故步自封，最终结果只会是疏远和冲突，而不是成长。

开放的心态并不等于“泥沙俱收”。信息时代的挑战不是信息太少，而是信息太多。现代人已经患上了“错过恐惧症”，总在担心自己错失了什么，所以什么都想要，但又什么都不珍惜。在当前的社会环境下，一种既具有广度又具有深度的信息结构可能会更具有竞争优势，因此在个人的阅读交流中，需要做好舍弃、涉猎和专注的平衡。

如下图所示，每个人的职业生涯所需要（也是最多能够）专注掌握的领域，是极小的一个领域。有的职业会要求极大的深度（如量子通信研究），而有的职业对深度的要求相对较浅（如客户销售技巧）。这两种倾向，需要通过涉猎范围的大小来补充：如果专注领域深度较深，则涉猎范围通常不必太广；反之如果深度较浅，则通常需要涉猎较广。

人类所掌握的全部知识只是宇宙的恒河一沙，而个人所掌握的全部知识也只是人类全部知识的沧海一粟。一个人无论看多少书、听多少课、参与多少对话，他所不知道的信息始终远远超过他所知道的信息，所以个人必须要懂得舍弃。专注以塑造某方面的深度，涉猎以保持对环境变化的适应，而舍弃则是保全有效专注和涉猎的前提。

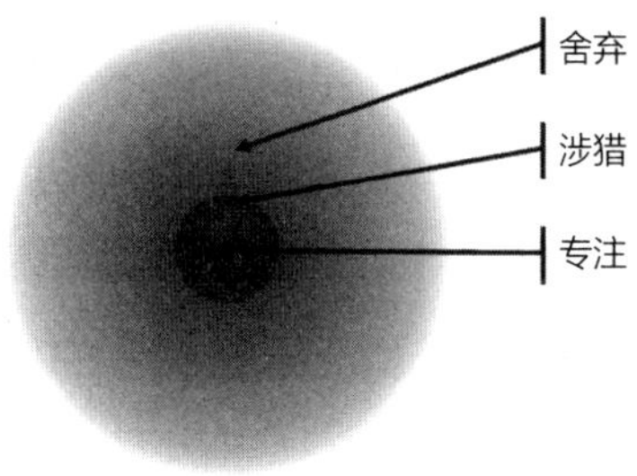

通过阅读交流可以获取各方面的信息，比如对角色有新的认知，增长知识见闻，了解自我管理约束的方法等。但这些信息要真正转变为这些部分的成长改变，还需要深度加工。

12.2.2 反思预演

未经加工的信息，依然不能转化成自己能力的一部分。**不管是知识技能、角色认知，还是自我管理，只有经过头脑的加工，才可能把这些信息内化为个人能力的一部分。**除了体力的限制，几乎所有能力都是大脑活动的体现，所以能力的锻炼需要让自己的大脑充分动起来，对获取的信息进行加工。

对信息进行加工的方法主要有两种：一种是对过往已发生事情的反思，另一种是对未来尚未发生事情的预演。反思和预演，都是基于人的想象力。爱因斯坦说："想象力比知识更重要，因为知识是有限的，而想象力概括着世界的一切，推动着进步，并且是知识进化的源泉。”爱因斯坦之所以有这样的断言，是因为他的主要发现，几乎都是建立在思想实验的基础之上的[①]。鉴于学习机会的稀缺性，借助于大脑产生的心理活动，可以为能力成长创造更多机会。

反思的目的在于加深对所获取信息的理解，客观地对获取的信息进行提问和思考，以促进这些能力要素的内化。**信息的内化有两种方式：一种是在自我原有的认知结构上整合新的信息，叫作同化；另一种是原有的认知结构无法整合新的信息而被重组和改造，叫作顺应**。无论是同化还是顺应，对信息的深入理解都离不开对自我三个方面的提问：

- 这个事物究竟是什么？（是什么，What）
- 为什么是这样的？（为什么，Why）
- 它是如何（不能）产生作用的？（怎么样，How）

第一个问题：这个事物究竟是什么？比如一位领导者从书本、课堂或其他途径，学习到一个新的观点：“错误的决策比犹豫不决更好。”记住并能复述这个观点，除了让自己看起来很高深，并没有什么价值。如果不加反思地践行这个观点，也许会比“没什么价值”更糟糕，让你损失更大。

要让这个观点变成自己能力的一部分，首先要思考这个观点究竟是什么意思？很明显这个观点的重点是，强调犹豫不决的负面影响，建议在该做出决策时不要犹豫，哪怕因此可能会犯一些错误，但至少有可能做出正确的决策，而并非真正地认为错误的决策比不决策更好。

① ［德］阿尔布莱希特·弗尔辛. 爱因斯坦传. 北京：人民文学出版社，2011.

第二个问题：为什么是这样的？对这个问题的反思可以帮助我们避免学习中的拿来主义和教条主义。就上述观点而言，为什么会有这么一说？我们可以通过思考得出，如果环境发生了变化，那么个人或组织的行为也需要做出变化，而决策往往是改变的开始，因此我们应该承担失败决策的风险，去寻找正确的改变方向，而不是犹豫不决。有了这样的反思，我们便可以很容易地想到，这个观点不一定在任何时候都正确，因为如果在某个时候，环境并没有发生显著的改变呢？

第三个问题：它是如何发挥作用的？基于前面的思考，我们应该能想到，如果在环境发生改变时，要跟随环境的变化做出调整，而不能停滞不前；如果环境没有也不会发生改变，那么最好还是少折腾为好。

到此我们发现，另一个需要去学习思考的主题浮现出来了，那就是“环境的改变”。在这个主题下反思的三个问题是：环境的改变究竟是什么？为什么会有这样的变化？会产生什么样的影响？这些新问题，可能需要再度依赖于看书、阅读、交流等来补充信息，然后再重新进行更深入的反思。

个人反思的内容不仅是通过阅读交流获取的信息，还包括行动实践得到的经验。比如一个销售用新学到的“顾问式销售技巧”给客户打电话，一天下来有成功也有失败。那么这种能力的继续提升，就需要对这个销售技巧进行反思：顾问式销售技巧究竟意味着什么？为什么要采取这种方式？这种方式如何展现才能发挥更好的作用？

反思的上述三个问题，本质上是对事物因果的分析，即对事物本身、事物产生的原因及事物导致的结果三方面的认识。因果关系穿插在我们的时间和空间之中，是我们对过去与未来、眼前和远方的众多事物进行理解的根源。而每个人头脑中所存储的认识和反应方式，其价值往往取决于这些认识和反应方式在多大程度上遵循了客观世界的因果关系。

反思是对过往的再现和思考，预演则是对未发生事情的想象。反思可以帮助个人理解并内化信息，而预演则能帮助个人准备好行为的展现。

我在读初中的时候，因为学习成绩好，老师就认为我肯定也善于演讲（光环效应无处不在），因此要求我参加学校的“一二·九”演讲比赛。我虽然做了精心的准备，但现场还是抑制不住地紧张（轻松性低），最后不得不拿出稿子念完了事，当时尴尬得真想找个地缝钻进去。深受打击的我当晚没有睡好，反复在想如果再来一次，我应该如何在几百人面前自如地展示自己的观点。这种“白日梦”在之后的高中、大学期间逐渐成了一种习惯：在尚未入眠时，在头脑中对着假想的听众做各种主题的演讲。现在公开演讲时我虽然还是会略感紧张，但比多年前的表现要好多了。

心理预演为什么会产生作用？请你想象你独自走在林间小道上，突然跑出来一只狗，它对你狂吠不止，意欲咬你一口。虽然现在你看着书，知道自己很安全，但你的心跳依然会加速。或者再请你想象，你还是独自走在林间小道，突然有一只蜘蛛掉在你的脖子上，它的8条腿在你的皮肤上四处乱踩，想到这里很有可能你已经起了一身的鸡皮疙瘩。

不论事情是否真实发生，只要我们的大脑产生了活动，这种对事情的感受就是真实的。“庄生晓梦迷蝴蝶”，是庄周在梦中变成了蝴蝶，还是蝴蝶在梦中变成了庄周，实则难以分辨。我们在梦醒之后会意识到梦是虚假的，但是在梦醒之前，梦对我们来说却是真实的。这就是为什么心理预演对能力的成长是有效的。

从我们有了一个想法开始，到具体开展活动的期间，对尚未发生事情的心理预演，不仅是工作开展的准备，更是对能力的重要锻炼方式。譬如明天要做一场重要的汇报，提前在心理预演整个汇报的过程，会使汇报的质量得到保障。再如总是担心人际冲突（勇气性低），在开除员工方面面临心理阻碍的领导者，通过在心理预演各种开除员工的场景，在坚持一段时间后，则很有可能提升在处理低绩效员工方面的勇气。

成人的神经元数量不会增加，总数持续维持在1000亿个左右，那我们新学到的知识是怎么储存的呢？神经生物学研究表明，人们学习记忆的基础，是长时程增强作用（Long-Term Potentiation，LTP）[①]。简单来讲，如果反复练习强化，连接两个神经元的突触就会更容易传导兴奋，这个功能就会被增强。比如你学了一个英文单词，但没有复习、没有使用，那么你会很快忘记；相反，如果你不断复习、重复使用，相应的神经元突触就会被增强，你也就记得更牢固。

在心理预演的过程中，相应的神经元活动会被刺激。长期的坚持就会增强相应的功能。也就是说，在能力的成长方面，反复做一个过程具体、细节丰富的“白日梦”，很有可能会梦想成真。

这里再补充说明第5章5.4节讲到的个性的生理基础，本质上也是因为漫长生活经历的用进废退，在相应神经元突触上产生了增强，从而导致了个性的稳定性。所以如果一个人想要让自己的个性特质脱胎换骨，就算是以十倍强度的练习来改变之前的习惯，也需要三五年的时间。或者一个人遭遇特别强烈的应激事件（如失去工作、个人破产、重要家庭成员离别等），承受百倍或千倍的刺激，才有可能在短时间内发生一些明显的变化。

把心理的预演活动表现出来，通过自言自语、写写画画、手舞足蹈，也是预演的一种形式。比如对着镜子练习演讲，写一篇经典书籍的读后感，或者找一个同事模拟和客户沟通，都能在安全的氛围下锻炼自己的能力。

反思和预演经常在头脑中交叉进行：我们可以反思预演的结果，不

① 寿天德. 神经生物学. 北京：高等教育出版社，2000.

断进行总结和优化；也可以预演反思的内容，进一步探索验证。总之，想要实现能力的成长，你的大脑就得动起来，这是学习的第二个关键步骤，也是对学习成长最重要的步骤，并且是一种除了时间精力以外无须额外成本的方法。

12.2.3 行动实践

能力提升的最后一步是行动实践，“纸上得来终觉浅，绝知此事要躬行”。采取行动并非一定要惊天动地，而是把心里的活动在特定的场景下表现出来即可：对下属做一次一对一的辅导反馈，与客户就某一个冲突达成一致，坐下来写一篇对某个主题的思考，开展一场面向很多人的演讲，撰写一份中长期发展战略并发给同事们……这些都是行动实践。

这里说的行动实践不包括看书、听课、交流、寻求反馈等信息获取的活动，也不包括反思和预演等信息加工的心理活动。行动实践聚焦于应用所学，既是检验学习效果的终章，也是开启新的学习循环的初章。个人是否真正理解了角色的要求，能否管理、伸缩自己的个性，所学的知识技能可否发挥作用，都依赖于个人所采取的行动。另外，身体的塑造也更加离不开采取具体的行动。

行动实践并不困难，但很多人很难迈出第一步。所有你听到的、看到的，都不是你的能力，只有你能讲出来、做出来，这个能力才是你的。人类有一种寻求舒适的本能，期望按照自己最习惯的方式来采取行动。在面对自己不习惯的场景时，往往会退缩到自认为安全的空间。如何克服这一困难，将在下一节详细阐述。

每种能力的塑造都离不开这三个关键方法的综合应用：善于学习者看到或听到了一个观点，会去思考理解这个观点，然后在头脑中预想如果去实践这种观点应该怎么做，思考成熟后会去践行。做完之后他会反思过程中的正误得失，思考如果再来一次的调整和优化，并看到自己掌握信息的不足，并加强阅读交流以获取更多有用的信息。

有的人只是在接收信息，逐渐成为行走的百科全书，好像什么都知道，其实什么都不理解；有的人罔顾事实，沉浸在思考中，有一堆脱离实际的胡思乱想；有的人埋头苦干，自我标榜为实践主义者，却从不反思，每次行动结果的达成都完全是听天由命。优秀人才的学习过程应当是完整全面的，从信息的获取，到信息的加工，再到信息的处理，在这三者不断的循环中，能力便会快速得到提升。

学习是容易的，但坚持学习却很困难。关于如何学习，一般人都知道要问两个问题："学什么"和"怎么学"，这两个问题即上述两节所回答的问题。但还有一个同样重要的问题经常被忽视，那就是如何坚持，让改变发生？

12.3 让改变发生

"天下事以难而废者十之一，以惰而废者十之九"[①]。减肥并不难，管住嘴、迈开腿就行；增长知识也不难，多看书、多思考就够了。但是，就这两件事情不知道"难倒"了多少好汉。大部分人在一开始的雄心勃勃，都会在时间的浸泡中变得灰心丧气。除了少数极其自律的人，其他人到最后都会发现，自己的意志力并不可靠。

明确了自己发展的方向和策略，只是走完了自我发展的前2步。要真正实现自己的成长，后面的行动至少还有98步之遥。我们对发展自己的

① 颜之推. 颜氏家训. 北京：中华书局，2011.

渴望，不应该单纯地依靠自己不可靠的意志力，而是要为自己的成长提供全面持续的驱动力。我们可以从自我和他人的推力和拉力两方面，组合出四种动力源泉，这一动力系统称为POPS模型。

第一个维度包含了两个P，表明动力的类型：第一个P是Pull，代表拉力；第二个P是Push，代表推力。初中生物课，我们就学过生物具有趋利避害的本能，我们内在的渴望和恐惧，同样可以被发掘为驱动自我成长的两种动力源泉。

第二个维度包含了施加动力的两个来源：O是Others，代表其他人；S是Self，代表自己。自己和他人分别施加的拉力和推力，就构成了推动我们成长发展的持续动力。

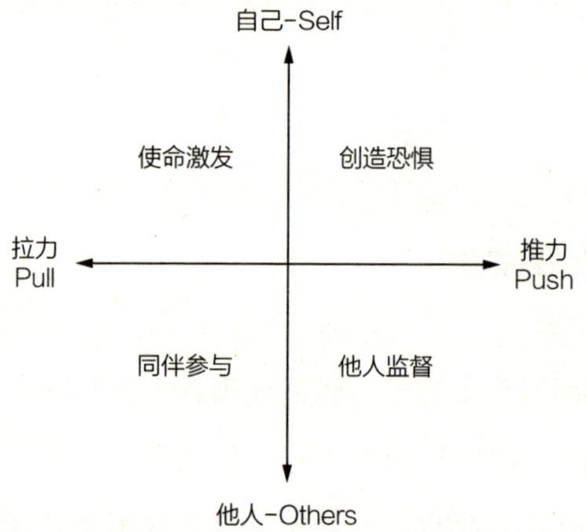

12.3.1 使命激发

来源于自己内在的拉力，是对个人使命的向往。所有重要的发展成果都不是一朝一夕可以实现的成长目标。如果没有使命的激发，个人很难找到成长的意义感，在时间的流逝或困难的阻碍中，保持长期的坚持是不可能完成的任务。有使命和梦想的激励，个人会有更长久的内在牵引力。还有一些人虽然为自己找到了使命，却无法用使命来激励自己。以下有两条建议可供参考。

1. 让你的使命更加形象生动

“你应该戒烟，吸烟会缩短你的寿命，降低你的生活质量，还很费钱。”这样的劝说对于吸烟上瘾者根本无效，他们已经听了无数次这样的说辞。如果我们把戒烟带来的好处描绘得更加清晰，效果也许有所不同。

“如果你把烟戒了，也许还能活得久一点，看着孩子们慢慢长大，老了之后含饴弄孙，一家人多么幸福，要不然孩子们还没长大你就走了，他们会好孤单。你现在一身烟味，对他们的成长也不好，你也不是个好榜样。再说一天一包烟，一年365包，就算平均20元一包，一年也是7300元，十年下来就是七万多元，你用这些钱给家人买个保险，或者捐助贫困儿童，会帮助不少人，应该会比烧掉更能让人们记住你。”

在个人能力的成长上，清晰描绘自己的职业使命，同样会更加有助于个人采取行动并坚持行动。比如“如果你可以更好地把握他人的想法，就会让大家更容易达成一致，而不必在事后面对大量反对的意见，并花费巨大的时间、精力代价来弥合差异。这样你就可以留出更多的时间精力专注在你应该做的事情上，并且在更多的人的帮助下，更好地履行自己的使命。”一旦想到行动有助于个人使命的达成，个人采取行动的驱动力就会更强。

人们不会自然地为了长远目标而舍弃眼前的享受，只有少数人才会发展出延迟满足的心理能量。之所以会这样，是因为人们对未来的感受是模糊和不确定的，而人们的大脑尤其讨厌不确定性，就如同自然讨厌真空一样。如俗语所言，“二鸟在林，不如一鸟在手”，与其为了一个虚无缥缈的目标而努力，不如放下目标立即开始享受。

人是一种视觉动物，有研究认为，人的所有感官获取的信息中，有超过80%来自视觉。所以如果一件事情对你缺乏足够的吸引力，往往是因为你并没有“看到”这件事情可以给你带来的积极影响。更加形象生动地想象你的使命目标实现后的样子，体验达成使命目标的那种兴奋，你会发现成长的动力会更加充足。

你能清晰地看到你的使命或者目标实现的样子吗?

2. 把长远的使命分解为一个个小的里程碑

2019年诺贝尔经济学奖的获得者、经济学家阿比吉特·班纳吉（Abhijit V. Banerjee）与埃斯特·迪弗洛（Esther Duflo）在对贫穷人们的研究中发现，“当你想要的一切看上去都很遥远时，你很难感受到动力。将目标设置得更近一些，也许是穷人实现这些目标的有效方式”①。

赚钱不能好高骛远，能力的成长也是一样的。某方面能力的“贫困户”，想要实现这方面能力的发展，最好先给自己设定一些容易达成的目标。过高过远的目标不仅不会带来激励，相反恰好还可能带来抑制。

心理学家塞利格曼做过一个实验，他把一只狗关进一个笼子，只要蜂鸣器一响，就电击这只可怜的狗，无论它怎么努力都无法逃脱。多次电击后，一旦听到蜂鸣器响，即使没有电击，这只狗也会表现出被电击的症状，甚至是在笼子被打开后，它也不会逃跑。②

当我们努力了，却什么都没有收获时，我们的心理就会形成一种信念，那就是“努力了也没用”，这种心理效应被塞利格曼称为“习得性无助”。如果学生在学校努力了也无法取得好成绩，再加上家长的批评否

① ［印］阿比吉特·班纳吉，［法］埃斯特·迪弗洛. 贫穷的本质：我们为什么摆脱不了贫穷. 北京：中信出版社，2013.

② ［美］罗杰·霍克. 改变心理学的四十项研究. 北京：人民邮电出版社，2010.

定，他们的热情就会慢慢消失，认为自己是无法学好的。在职场上，一个人努力了也看不到成效，也会慢慢地变成职场“老油条”。其实每个“老油条”都曾年轻过、努力过，可是就像赛利格曼的狗一样，由于环境无情的打压所形成的习得性无助感，让他们逐渐放弃了挣扎。

及时的成就感，会大大增加我们的兴趣和动力。打游戏、打麻将、大部分娱乐活动都会及时给予玩家正向的反馈，哪怕赢的比例不太高，但总是可以体验到一些愉快，所以这些活动会比工作学习更能吸引人们主动参与。相反，学习成长带来的改变需要较长时间才能见效，常常缺乏及时正向的反馈激励，所以大多数人喜欢娱乐多于喜欢学习。如果我们长时间内不能体验到个人成长的成就感，总是遭遇失败，我们也会慢慢地“习得性无助”，选择放弃。

基于上述原因，我们要把能力发展的目标，设定到“踮起脚尖”可以够得着的高度。把目标分解为一个个小的里程碑，让自己可以看到自己的成长。你可以把你的发展目标和计划分解后打印出来贴到墙上，每完成一件事情或达成一个小目标，就给自己一点奖励，通过创造更多激励自己的机会，维持实现持续成长的动力。

12.3.2 同伴参与

早在1898年，特里普里特（N.Triplett）进行了一项研究，比较自行车骑手在不同情况下骑行25英里（1英里≈1.6千米）的表现：第一种情况是要求骑手用最短的时间单独骑行，结果是每英里耗时约2分30秒；第二种情况是领骑带着骑，结果是每英里耗时约1分55秒；第三种情况是领骑带着相互竞争，结果是每英里耗时约1分50秒。之后，奥尔波特（F.H.Allport，1924）、扎琼克（R.Zajonc & N.Correll，1967）等人也进行了一系列研究。研究表明，当需要做的事情本身难度不高时，如果有他人的参与或者旁观，会提升个人的积极性和效率[①]，这种心理现象被称为社会助长（Social Facilitation）。

社会助长广泛存在于人们的工作和学习中，比如俗话说“男女搭配，干活不累”，就是一种社会助长。研究还发现，随着任务难度的增加，这种助长效应会降低，甚至起到相反的干扰作用。所以面对那些需要保持专注、投入极大脑力的活动，还是自己独自处理会更好。比如你计划写一本书，找很多伙伴和你一起写，往往会阻碍你的进展。但大部分我们难以坚持的事情，比如跑步锻炼、看书学习、规律作息，往往没有太大难度，同伴参与会是一个很大的激励因素。

马克思在资本论中说：“单是社会接触就会引起竞争心和特有的精力振奋，从而提高每个人的个人工作效率。12个人一起共同劳动12个小时，远比12个人单独工作12小时，或者1个人连续工作12天、每天工作12小时，所提供的产品要多得多。”[②]

人是社会动物，大部分个人难以坚持的事情，在团队中都会变得更加容易。一个人的读书会，就不如一群人的读书会更加持久。找到志同道合的伙伴，成立一个学习成长的小组，让他人参与到你的学习成长之中，你的发展会更加值得期待。

12.3.3 他人监督

除了他人的共同参与或旁观带来的拉力，你也可以邀请他人监督提醒，给自己施加压力。他人的监督有两种形式，一种是邀请某个具体的人给你监督提醒，二是创造个人的“舆论监督”。前者依靠的是紧密接触

① 陈志霞. 社会心理学. 北京：人民邮电出版社，2016.

② ［德］马克思. 资本论. 北京：人民出版社，2018.

的压迫感，后者依靠的是个人丢失脸面的耻辱感。

邀请他人监督的关键是，找到一个或者几个好的监督者。尤其是对于意志力薄弱的人，有了一个好的监督者，相当于发展计划成功了一半。你可以尝试向以下这些人发起邀请：

你的上级是最好的监督者。出于各种自我设限的原因，我们很少主动邀请上级参与到自己的发展中。但请设想，如果你的下属主动邀请你给他反馈，并监督他的行动，你对他的评价会更高还是更低？大部分上级都非常乐于看到下属的成长发展，所以不要担心你的领导会不乐意提供支持，大部分领导者都有“好为人师”的特点。

邀请下属参与监督，可能比邀请上级更有效。“敏而好学，不耻下问”，向经验、地位、学问不如自己的人求教，更能激发自己“树立榜样”的动力。随着年轻人的加入，职场权力距离越来越小，上级没有傲慢，下属没有恐惧，领导者和下属的关系会更加和睦。在发展这件事上，邀请下属反馈、监督，这样开放的胸襟更能赢得下属的认同。

当然同级的同事也是不错的监督者，尤其是跟你同期进入公司的同事，或者那些经验丰富的“老兵”。平级之间不仅可以相互监督，还可以共同参与，一起行动。职场会有竞争和防范，但如果把视野放得更开，把这种求胜的欲望转化为促进彼此共同成长的督促，对提升每个人在组织内，尤其是在社会中的价值都会更有好处。

除了工作场所的同事，你的朋友、导师、配偶也都可以成为你的监督者。在选取监督者的时候，他们最好有几个特点：**他们真正重视和关心你的成长，本身也注重自己的成长，最好还能和你要实现的成长目标有相关性。**

除了个体监督，还有一种方式是舆论监督，即**让更多与你有接触的人了解你期望达成的目标，给自己创造一种带有压力的氛围。**笔者也不是一个意志力强的人，低自律性会耗散我的很多精力，在写这本书的时候，我就给自己施加了舆论压力：我设定了一个大概的时间，然后告诉我周围的一些伙伴，虽然他们并没有定期提醒我，但一想到无法达成目标的羞耻感，我便会经常警醒自己还有一件重要的事情要做。我们在微信朋友圈里常见有人锻炼打卡、背英语单词打卡，还有人更改头像“不减十斤头像不改”，都是一种创造舆论压力的方式。

把你的计划告诉他人，公之于众，并不是为了炫耀，而是为了更好地督促自己采取行动。无论是邀请一些人给你定期地提醒监督，还是让更多人了解你在做的事情和目标，都会增强你持续行动的动力。

12.3.4 创造恐惧

我们还可以利用我们对损失的恐惧来激励自己：如果自己保持原样不去成长和改变，会有怎样恶劣的后果！参考使命激发中的第一点，我们可以把这样的恐惧想象得更加形象生动，产生更好的推动效果。还是以戒烟为例：

“如果自己继续抽下去，再过几年肺部全都是焦油，就好像是一块满是油渍的抹布一样，这会增加自己肺部发炎或癌变的可能。如果真是那样的话，可能都活不到60岁，那个时候孙子/孙女也许刚刚出生，自己都无法陪伴他们成长，还要留下自己的配偶孤单一人……”

再如你的角色要求自己控制自己的强势（支配性），更多发挥同事们的积极性。你可以想象如果自己不做出改变带来的损失：“如果我继续这么强势，什么都要求他们听我的，那么他们就不会有成就感，工作也不会用心，也许有几位同事还有可能离职，就算他们不离开，万一我自己犯了错，都不会有人提醒我，最后我会把整个团队/组织搞砸的，那样大家都会失去荣耀，甚至会失去生活的依靠。”

如果无法得知成长改变带来的不良结果，还不足以让自己坚持行动，那么就只有再加恐惧的砝码，断绝自己的退路，“置之死地而后生”。你可以和你的监督者达成一个赌约，赌上一个会让你感到痛的赌注（比如你一个月的收入），如果你不想输掉这个赌注，你就会更有动力去采取改变的行动。

单独依赖一种动力，明显不如让四种动力同时发挥作用更好。使命激发、同伴参与、他人监督和创造恐惧的共同驱动，会让我们有效避免自己“意志力薄弱”的挑战，更有效地采取行动来提升自我。

发展既是心理的，更是行动的。“百闻不如一见，百见不如一干。”有了自己的使命，掌握了发展的根基、策略和方法，接下来就是采取行动的时候了：制订一个个人发展计划（IDP）。

12.4 制订个人发展计划

个人发展计划的制订包含三个部分，首先是自我反思，其次是发展计划，最后是行动承诺。

12.4.1 自我反思

自我反思包括对自己使命目标、能力要求、个人优势和致命短板的反思。具体反思内容包括以下几点。

- **使命目标**：个人的使命，以及中短期的发展目标，使命可以很长远，但中短期的目标最好可以通过 1～3 年的努力实现。
- **能力要求**：基于自己的使命目标，分析达成这样的目标对自己提出的能力要求，要求涵盖各种能力，不限于个性潜力。

- **个人优势**：分析个人在实现使命目标方面的优势，包括知识、技能、经验、个性等层面的优势，但一定是相关的且显著的优势。
- **致命短板**：分析个人在实现使命目标方面的致命短板，这些短板会严重影响个人的发展，给自己带来很大的危害。

12.4.2 发展计划

每个发展计划的时长以三个月为佳，每个阶段的发展重点建议不超过三项，两项最好。每个发展重点都需要计划具体的行动来支撑，一个好的计划应该包括如下六个要素。

- **发展重点**：基于本书所讲的策略，找到近期个人发展的重点。可以是把优势塑造得更突出，也可以是管理某些致命短板，还可以是更好地促进团队的互补。
- **具体发展行动**：根据发展重点计划具体行动，这些行动是围绕发展重点的立体的行动组合，根据角色认知、个性伸缩、知识沉淀、经验积累、身体塑造等角度，按照阅读交流、反思预演、行动实践的流程来规划。
- **时间**：完成该项行动的时间，如果是周期性行动，则要明确在该计划时间段内行动的频次。
- **资源支持**：完成某项行动需要的资源支持，有些资源可以自己解决，但有的资源可能需要协调他人支持。
- **成功标志**：该项行动最后如何才算是成功，需要有一些明确的衡量标准，比如提交一份报告，写一篇读书札记，做一次汇报等。

➤ **如何监督**：可以从POPS模型的四个角度采取一些督促的方法，确保个人会采取行动，而不是做完计划就束之高阁。

12.4.3 行动承诺

行动的承诺是一个正式的仪式，也是一种监督。除了个人签字画押的承诺，一个相关方（通常是上级）的见证也必不可少。这个部分的必要性已经在上一节中进行了论述。

想要事情变得更坏，只需要坐着等就可以了；而想要事情变得更好，就要主动行动起来。最后建议读者以一个具体的发展计划，作为读完本书的一个总结和实践。这个计划以3个月为周期，在结束之后再根据新进展去制订下一个阶段的计划，如表12-2所示。

表12-2 拟订计划表

1. 我的反思					
使命目标					
能力要求					
个人优势					
致命短板					
2. 我的发展计划					
发展重点1					
序号	具体发展行动	时间	资源支持	成功标志	如何监督
1					
2					
3					
4					
5					

（续表）

发展重点 2					
序号	具体行动	时间	资源支持	成功标志	如何监督
1					
2					
3					
4					
5					
3. 共同承诺					
计划者	日期	上级管理者	日期		

12.5 自我实现的预言

希腊神话里有这样一个故事，相传在古代塞浦路斯有一位国王叫皮格马利翁，他是一位优秀的雕塑家。他不喜欢凡间女子，倾注了全部的心力雕刻了一座美丽可爱的少女像。他深深地爱上了自己的作品，像对待妻子一样装扮她、拥抱她、轻吻她，甚至还为她起了名字。爱神阿芙洛狄忒被他打动，赐予了雕像生命，并让他们结为夫妻。

这种“期待成真”的现象，被称为“皮格马利翁效应”。这种效应被心理学家罗森塔尔的实验所证实（所以也叫罗森塔尔效应）。罗森塔尔（Robert Rosenthal，1966）选取了一所有6个年级18个班的小学，对全校学生进行了智力测试，然后从全校学生中随机挑选了20%，他告诉老师们这些学生有不同寻常的智力表现。8个月之后，他再对全校所有学生进行了同样的智力测验，发现这20%的学生的测验成绩提升了12.2分，而其他80%的学生只提升了8.4分。

因为实验中没有任何其他的差别处理，所以这20%的学生表现得更好，只能是教师们对学生的差别认知、期待和互动所导致的。由于对这些“高智力”学生有更高的期望，教师们会在言行中表现出更多的鼓励，更愿意调整自己的方式来适应学生，其结果就是学生也会相信自己很优秀，会更加自信和努力。

一旦你心里有了想法，它就会体现在你的言行之中。如果你讨厌一个人，你就会不自觉地在你的言行中表现出爱答不理、情绪易怒；如果你对某个人有积极的看法，你就会表现得和颜悦色、宽容大度。而你的这些种种表现，都会被对方所感知并做出反应，其结果就是你所期望的，就是你所得到的。

人们总是盯着别人的问题，经常通过指出对方不足的方式来试图改变他人。但这种直接的做法总是适得其反，人们在面临批评和指责时，第一反应都是自我保护，他们会说或者会想：“你别说我了，你不也一样吗！”“你也不比我好多少，凭什么非得让我改！”

无论是一名员工，还是一名领导者，或者是家庭的一员，我们所期望的是更好的团队、组织和家庭。在这种期待下我们应该停止对对方的贬低，这种贬低与其说是为了对方好，还不如说是通过贬低他人来显示自己的优越感。我们需要对他人有更加正面积极的期待，相信他们已经很好，并且还可以变得更好，甚至是比自己还要好。这种自我暗示，并不是表面的伪装，而是内心真正的相信，有了这样的信念，你的言行就会随之做出调整，最终事情就会如你所期待的一样成真。

不过这种方法只能算是一种技巧，而不是一种更高层级的个人修养。**我们太执着于改变他人了，我们一直在试图改变我们的下属、改变我们的配偶、改变我们的子女，甚至是改变我们的父母。如果他们不按照我们所期望的那样做出改变，我们就会容易心生愤怒和失望。**

据说在英国伦敦的威斯特敏斯特大教堂有一块无名墓碑，上边的墓志铭记录了很多这种试图改变他人的人所过的相同的一生：

> 当我年轻的时候，我的想象力从没有受到过限制，我梦想改变这个世界。
>
> 当我成熟以后，我发现我不能改变这个世界，我将目光缩短了些，决定只改变我的国家。
>
> 当我进入暮年后，我发现我不能改变我的国家，我的最后愿望仅仅是改变一下我的家庭。但是，这也不可能。
>
> 当我躺在床上，行将就木时，我突然意识到：如果一开始我仅仅去改变我自己，然后作为一个榜样，我可能改变我的家庭；在家人的帮助和鼓励下，我可能为国家做一些事情。
>
> 然后谁知道呢？我甚至可能改变这个世界。

改变自己和改变他人都很困难，但改变自己更容易些。从自我的改变出发，我们更有可能帮助他人得到成长和发展。个人的成长和改变，也只是自我信念变成现实的过程，所以要相信：成长，你一定可以。

后记｜孩子的个性教育

························ * ························

作为两个孩子的父亲，在写完前面十二章内容后，忍不住继续把这个话题引向关于孩子的教育。以下思考并非是经验之谈，因为我的女儿和儿子都还很小，不足以证明我的教育是成功的，我也不期望通过所谓孩子的成功来证明自己教育的正确性，谁都不应该活成一个证据。这些思考只是基于这么多年对很多职场人士的评价、观察和交流，将本书中的相关理论和原则，用于小孩子的教育场景，所得到的一些推演。

对于这些推演道理的应用，我不持有强烈推荐的态度，因为在小孩成长的关键阶段，所有的经历都是不可逆的，与那些未经研究就对某些方法持有笃定态度的“养育专家”不同，我希望自己能够考虑到基本的伦理问题，并且不承担任何与此相关的责任，所以本书的后记内容，仅供父母们探讨交流之用。

两个故事

先讲两个故事，从这两个非常富有启发性的故事里，我们能看到家长们在教育孩子时典型的困难处境，以及内心的焦虑和不知所措。

故事一

这个故事发生在我的一位朋友身上。她有个两岁的男孩，有一天在早教中心发生了一件事情：另一个小朋友去抢她儿子的玩具，小男孩很严厉地拒绝说："你走开，这是我的玩具，不给你玩。"这时候我的朋友站在一边，正要劝说自己的孩子要懂得分享，但突然浮现在脑海里的另一件事情让她犹豫不决，不知道该怎么办。

她早上出门的时候，在小区里碰见自己的邻居带着孩子玩耍。她逗邻居小孩把手里的苹果给她，没想到邻居小孩犹豫了片刻，就面露不悦地把苹果递给了她。她由衷地向邻居表扬这个小孩懂得分享，好乖巧。但邻居的回答给她带来了困惑："我就怕她这样的性格，以后会被欺负。"

她的困惑是：如果一味地教小孩要分享，要把自己的东西给别人，那么长大以后这种个性会不会总是牺牲自己来成全别人，不敢去争取自己应得的东西，因为太软弱而容易被别人欺负；但是如果鼓励小孩在别人抢自己玩具时，要勇于斗争，不要怕，有人打你，你也要打回去，要坚决维护自己应得的利益，这样做好像也不对。

故事二

这个故事源自咨询顾问爱迪思著的《企业生命周期》一书。作者有两个儿子，一个三岁，一个四岁。有一天，两个孩子因为争抢一个木琴大吵了起来，都说这个玩具是自己的。现在中国实行二胎政策，这样的情况在很多家庭里都会经常发生。作为家长的咨询顾问爱迪思也要解决这样的问题，他系统地分析了几种不同的做法，我在此基础上整理了五种解决方案：

方案一："别吵着我看书！把木琴拿走！谁都别玩了！以后再这样争吵，我再也不会给你们买新的玩具了！"或者愤怒之余顺手把木琴砸了。

方案二："孩子们别争了，给你们再买一把，一人一把就不用争了。"

方案三："你们俩轮流玩，每人每次玩15分钟，丢硬币决定谁先玩，以后所有类似的情况，你们都这么解决。"

方案四："忘掉这个让你们不高兴的木琴吧，谁想去看电影，我们去看最新上映的电影，然后再吃一个美味的冰激凌！"

方案五："宝贝，你们不能依靠我来解决所有的问题，如果我不在家，你们会怎么办？所以你们现在把木琴给我，你们俩去厕所罚站，一起商量好了解决办法再来找我。"

你觉得哪种方案更好？

个性无绝对好坏之分

故事一所揭示的事实是，人的个性并无绝对好坏之分。父母们对自己坚定不移的教育理念，其实缺乏深刻的认识，这种认识就是看到世事无绝对。比如有很多父母都觉得孩子活泼外向一点更好，但我们最近的统计分析发现有超过50%的企业家是偏向沉稳内敛的。究其原因，是这些企业家大多是技术人员出身，沉稳内敛的性格更容易帮助他们排除人际的干扰。同样还有接近50%的企业家是活泼外向型性格，他们能通过广泛的人脉关系来成就自己的事业。

先不论性格内敛外向对成就事业是否有好处，甚至事业心本身的高低也没有好坏之分。一个人对一件事物的渴望越强，为此付出的精力也就越大。**壁立千仞，无欲则刚，没有事业心并不代表无所适从。这个社会需要不断革新的企业家，也需要热情温暖的居委会大妈。**内向并不一定就比外向更糟糕，抱负远大并不一定比没抱负优秀，好奇心强的广泛涉猎也可能会一无所长!

孩子的个性成长，并无绝对的对错：比如是否敢于拒绝别人，不怕得罪人的特质，是个性中的勇气性。勇气性低的人很容易受欢迎，但是常常会牺牲自我；而勇气性高的人虽然不那么容易吃亏，但人缘可能不会特别好。故事一中的两个孩子都可能过得很幸福，而这和勇气性高低与否并无关系。在孩子个性的教育上，父母的这种犹豫不决还有很多体现：

- 是教育孩子更安静地看书，还是教育他们多出去跟别人交流?
- 是让他们相信人性本善，还是经常向他们灌输“防人之心不可无”的信条?
- 是选择一个兴趣班让他们一直保持专注，还是报十几个兴趣班，提升他们的好奇心?
- 是让他们感到生活充裕富，有安全感，还是要穷养让他们产生强烈的成就欲望?
- 是教育他们要遇事果断、雷厉风行，还是教育他们要审慎周全、三思而行?

这些相互对立的行为风格并没有绝对的优劣，都有其优势和局限：在一种情境下的优秀做法，换到另一种情境下可能就是愚蠢做法。自古以来我们的文化就有很多相互对立的说法，用以支撑、描述人们完全不同的想法或行为。有人说“礼轻情意重”，可又有人说“礼多人不怪”；有人说“人挪活，树挪死”，可又有人说“滚石不生苔，转业不生财”；有人说“善有善报，恶有恶报”，可又有人说“人善被人欺，马善被人骑”。这些说法完全相反，但听起来又都对，所以很明显不是绝对正确，而是相对有效。

很多父母都会片面地看待问题：只看到事情好的或坏的一面，而忽视其相反的另一面。如果告诉他们要让孩子多静下来看书，相信人性本善，要更专注，让他们有安全感，做事要快，他们会全盘接受。如果告诉他们要让孩子多跟别人打交道，要有防备心，爱好广泛，有成就欲望，并且考虑问题要全面细致，他们也会全盘接受。如果把所有这些相互冲突的标准都列出来，绝大多数父母，包括我自己，都会本能地期望自己的孩子全部都具备，但这显然充满了矛盾。

为人父母者，尤其是中国父母，最担心自己的孩子会失去成长机会，所以会不惜一切代价地为孩子的成长创造条件：有为孩子读书而移民的，有全家节衣缩食为让孩子上私立学校的，有花大价钱为孩子报各种兴趣班的……所有这些努力的背后，都是希望自己的孩子不输在起跑线上、不落后于他人。满心焦虑的父母们期望孩子“静若处子，动若脱兔”“文能提笔安天下，武能上马定乾坤”。

父母对孩子的这种完美期望，主要来自两个方面：一是传承自认为的优势，因为自己凭此获得过成功；二是弥补自己的不足，因为自己由此经历过印象深刻的痛苦。也就是父母自己会的，孩子要会，父母自己不会的，孩子也要会。父母无法接受自己的孩子不完美，而这正是父母自身的问题。

接受不完美

每个人对能力的认识，都会经历三个阶段：父母全能、自我全能和子女全能。很小的时候，我们会觉得自己的父母无所不能，他们是我们的骄傲。后来随着见识增多，我们会觉得父母的能力也是有局限的，他们并不像我们小时候认为的那样全知全能。

到了青少年时期，我们会觉得自己无所不能，认为自己可以做成任何事情，如果没有做成，只是自己没有充分重视和准备。后来有了更多的对比，我们才发现天外有天，人外有人，自己的能力也是有限的。当然也会有许多人一辈子都无法达到这个阶段，永远停留在自己无所不能的幻想中。

等我们有了孩子，我们又会觉得自己的孩子无所不能，每个父母（包括我自己）都会觉得自己的孩子异常漂亮、绝顶聪明，显然比别的孩子更优秀。父母们都会对孩子的未来持有美好的期望，也都想自己的孩子能够“德、智、体、美、劳”全面发展，成为完美的人。但事实是，父母对孩子的评价是盲目地偏高的，对孩子全面完美发展的期望也是不切实际的。等到有一天我们承认，我们的孩子承载不了我们全部的期望，我们才开始真正认识到人的不完美。

这个世界上不会有完美的人，你的父母不是，你不是，你的孩子也不是。对个性的教育，首先应当承认这种不完美。不管是小孩还是成人，都不可能按照某种完美理想的模式去塑造。**任何一个选择，都意味着更多的放弃；如果一个也不选，那就是全部都放弃。**

很多性格特点，只要不是走到了极端，成为心理不健康的阻碍（比如极度多疑、冷漠、浮躁、傲慢、悲观、操纵、依赖、迷信、苛刻、放纵、多变、固执），都会给个人同时带来积极和消极的影响。教育的关键目标，就是要增加其积极的影响，减少其消极的影响。所以在个性的教育上，对具体个性的塑造并不是第一位的！

什么更重要？

如果我们无法培养出个性完美的孩子，在教育过程中具体个性的塑造不是第一位的，那么什么是第一位的？这个问题需要从第二个故事中寻找答案。第二个故事中提供了五个解决方案，我们来分别分析这些方案产生的真实作用。

方案一：“别吵着我看书！把木琴拿走！谁都别玩了！以后再这样争吵，我再也不会给你们买新的玩具了！”或者愤怒之余顺手把木琴砸了！

这个方案根本没有把孩子的成长当成目标，而是家长满足个人需求、发泄个人愤怒的方式。生活中有很多这样的现象，孩子不小心打烂了父母的东西，或者在父母辅导作业时无法及时理解，都会招致父母的怒吼或责罚。这些怒吼和责罚只是父母本能的情绪反应，完全谈不上是刻意的教育行为。有些父母把对孩子的体罚包装为“黄荆条子出好人，棍棒之下出孝子”的养育口号。但这种体罚是否必需？是否真的出于孩子成长的需要？很多时候大人并没有想清楚，“为你好”常常只是事后找出来的借口而已。

方案二：“孩子们别争了，再给你们再买一把，一人一把就不用争了。”

这个方案看似解决了小孩争吵的问题，也满足了玩琴的欲望，但这个方案也没有真正关注到孩子的成长。他们也许并不是真的痴情于木琴，可能只是喜欢别人拥有的东西。**如果孩子要什么就给什么，终有一天孩子想要的东西父母将无法提供！**父母对孩子过度的溺爱和保护，会让孩子在长大后，在面临短缺时（人的一生最不缺的就是短缺），想不到方法来解决问题，也无法管理自己欲望得不到满足的失落感。

方案三："你们俩轮流玩，每人每次玩15分钟，丢硬币决定谁先玩，以后所有类似的情况，你们都这么解决。"

方案三是强势父母常常采取的策略：通过制定清晰的规则，要求孩子按照规则行事。这是一种富有效率的解决方式，但木琴的问题虽然解决了，可下次还会有玩具熊、玩具枪、看电视等其他新的冲突。一味要求孩子遵守规则，并不能帮助孩子获得解决冲突的能力。我们所处的世界在不断变化，每个人所面临的挑战也日益不同。**无论多么智慧的父母，也无法预见孩子未来会遇到的每一件事情，不可能像诸葛亮一样提前写好所有的锦囊，把所有的情况都变成可遵循的规则。**

方案四："忘掉这个让你们不高兴的木琴吧，谁想去看电影，我们去看最新上映的电影，然后再吃一个美味的冰激凌！"

这是对问题的逃避，本质上与方案二是一样的。不同之处是，将孩子从现有的问题上引开，用新的东西来转移注意力，不去关注问题的解决，而是通过其他方面来满足孩子的需求。"注意力转移大法”是父母们经常采用的办法，但这种办法只能延迟问题的处理，同样无助于孩子的成长。

方案五：“宝贝，你们不能依靠我来解决所有的问题，如果我不在家，你们会怎么办？所以你们现在把木琴给我，你们俩去厕所罚站，一起商量好了解决办法再来找我。”

最后一个方案，关注了孩子如何成为一个人格独立的人：不再依赖外部力量的裁决，不再回避所面临的问题，而是能努力去找解决问题的办法，兼顾对自我和他人的满足，采取正确的行动。

从这个方案出发，进一步引导孩子去思考：为什么想要这个玩具？为什么你不想跟对方分享？如果你得不到会有什么感受？对方得不到会有什么感受？有没有什么方法可以让大家都感到满意？如果没有完美的解决方案那么次优方案是什么？如果再出现这样的问题可以怎么办呢？

只有让孩子不就事情谈事情，而是能注意到自己和对方在处理事情过程中的想法、态度、感受，我们才能引导孩子独立地面对、分析并解决未来生活中出现的各种问题。

对自我的管理最重要

方案五之所有会更加有效，是因为这个方案不是简单地满足孩子的欲望，或者打压否定孩子的欲望，而是引导孩子正确地满足自己的欲望，认识到满足自己欲望过程中的情绪、思维和行为，更能根据具体的情况来采取正确的行动。

人性的光辉，是我们可以超脱自己的本能，为了更远或更大的目标，主动做一些或忍受一些自己不喜欢的事情。凌驾于我们的个性本能之上，是我们的价值观和自我意识。所以究竟应该鼓励孩子牺牲自我成全他人，还是建议孩子勇于抗争自我优先？应该都不是！

我们应该帮助孩子形成自己的判断力：什么时候应该成全他人，什么时候应该自我优先。而要形成这样的判断力，我们就必须帮助孩子更加清晰地了解自己，形成更强大的元认知：知道自己喜欢做什么，不喜欢做什么，什么时候会生气，什么时候会觉得高兴，了解自己有什么优势，这些优势也会有什么风险，也知道自己哪方面存在不足，这些不足在哪些情况下也会有好处……

父母对孩子的教育有两种方式：一是自己有意栽花的言传部分，二是自己无心插柳的身教部分。但有意栽花花不开，无心插柳柳成荫。当父母的言行不一致时，身教的影响要远远大于言传。对孩子教育最难的地方，并非孩子没有领悟力，不愿意学习，而是成人自己常常做了错误的示范！在你的言语和行动之间，孩子最容易模仿的永远是后者。如果我们无法管理自己，也就不要期望我们的孩子能够管理自己。从这个角度上讲，成年人自我的成长，才是家族传承的核心内容。

当然，个性的教育只是孩子成长的一部分。在第12章12.1节立体的学习中，我们可以看到角色的认知、知识的沉淀、经验的积累、身体的塑造，也是孩子成长的重要内容。“父母之爱子，则为之计深远”，父母为孩子留下的物质财产，可能很快被耗尽，但给孩子留下的精神财产，却可享用一生。帮助孩子更加立体地成长，除了个性的伸缩，父母们还可以参考如下建议：

➤ **角色的认知**：帮助孩子分析自己在不同关系中的角色，区分“应该做”和“喜欢做”。当然父母首先要思考，自己作为父母的角色时，应该做的事情和喜欢做的事情分别是什么。**我们可以和孩子一起探讨这两方面的问题，帮助孩子寻找兼顾快乐和意义的成长方式。**在这个过程中我们要示范我们所享受的事情，也要示范管理自我去做应该做的事情，这也是为人父母不断成长的过程。

- **知识的沉淀**：知识越多越好，但比更多的知识更重要的是学习的意愿、习惯和能力。父母可以通过带着孩子阅读、听讲座、讨论交流等方式获取知识，并在这个过程中培养孩子获取知识的能力。**但如果我们自己都已经不再渴求知识，不再用持续成长的标准来要求自己，那么我们对孩子学习和成长的要求，就会左耳进右耳出。**
- **经验的积累**：不经历风吹雨打，小苗长不成参天大树。父母需要创造机会，让孩子去体验和经历各种事情：做一顿饭、打扫一次卫生、手动洗一次衣服、规划一次旅行、体验不同的风土人情、独立生活一段时间、找个店当个小帮工……孩子经历得越多，越能发现自己的爱好，发展自己的能力。
- **身体的塑造**：眼科杂志 IOVS 曾发表一篇文章，研究表明儿童近视与看书、用电脑、看电视的时间长度并无显著关系，最重要的原因是缺乏足够的自然光照。国家卫计委调研显示，2018 年我国儿童青少年总体近视率为 53.6%，肥胖率达到 16%。对于父母来说，当面临选择的时候，小朋友的健康成长，可能是比学业成就更加重要的东西。走进中年已经发福的父母们，是时候带着你们的孩子多去户外了。

当然，以上只是一些教育的手段，一切教育的出发点应该都源自爱。

附录 | 39 项个性详细说明

······················ * ······················

39 项个性详细说明如附表 1 ~ 附表 39 所示。

附表 1　思维部分第 1 项：乐观性

思维 -1- 乐观性		
对未来会变得更好还是更坏的预期		
	低　分	高　分
内涵	看到事情消极的一面，觉得未来不一定会更好，可能会变得更糟糕	对事情的发展有正面积极的看法，相信未来会变得越来越好
典型行为	• 认为人类的未来充满不确定性 • 感觉以后的生活不会必然变得更好 • 认为社会危机四伏，并不如表面那么平静顺畅 • 觉得任何事情都可能会有坏的结局 • 相信好事不会随便发生在自己身上，比如不相信自己会中奖 • 为未来储蓄 / 储备 / 准备	• 认为技术会让人类的生活越来越好 • 相信自己的未来必然会比现在更幸福，不会有什么意外 • 觉得好事情发生在自己身上的概率很大，比如可能喜欢买彩票 • 不喜欢那些总是悲观消极地看待问题的做法 • 相信事情总是有好的那一面，不用太悲观
高分风险	以非常乐观的心态看待当前和未来的处境，因此可能会对遇到的事情盲目乐观，不能客观地正视可能面临的失败，或对失败的准备不够充分	
低分风险	由于对未来持有非常悲观的看法，总是看到事情消极的一面，因此可能看不到白身努力的价值，不愿意采取行动去面对问题，或者采取了极端的应对方式，导致不能恰当地解决问题	

附表 2　思维部分第 2 项：轻松性

思维 -2- 轻松性		
持续存在的心境状态是轻松平静还是严肃以待		
	低　分	高　分
内涵	经常感到紧张和有压力，难以保持心情平静，不容易放松下来	经常处于平静从容的状态，很少感到有压力，容易让自己放松
典型行为	• 很难让自己的心境保持平静放松 • 处于一种紧绷的状态 • 严肃认真地看待很多事情 • 把很多事情都当成要事 • 经常紧锁眉头 • 有时候会紧张得难以入眠	• 处于一种轻松平静的心境，容易放松下来 • 即使面对重要的事情也会觉得“那都不是事儿” • 不会有很大的压力 • 很少为什么事情感到烦恼 • 很少紧张得睡不着觉
高分风险	能维持内心的平静和放松，对于在压力下维持个人能量有积极作用，但过度的放松也可能会导致对所做的事情没有足够的重视，不能完全调动内在的精力和注意力	
低分风险	一定程度的紧张能够调动个人内在的精力和注意力，但持续的紧张和不安会过度消耗自己的能量，导致容易感到疲惫，难以长期有效应对有压力的工作或任务	

附表 3　思维部分第 3 项：稳定性

思维 -3- 稳定性		
对自我情绪表达的控制		
	低　分	高　分
内涵	公开自由地表现自己的情绪感受，不会克制或隐藏自己的情绪	控制并隐藏自己的情绪感受，不会轻易地受外在环境影响而情绪波动
典型行为	• 喜怒形于色 • 不刻意隐藏自己的情绪感受 • 经常谈论自己的情绪感受 • 放任情绪的表现 • 比较容易被激怒，情绪易波动 • 认为情绪表达也是处理问题、调节自我的重要方式 • 常常自认为是“性情中人”	• 喜怒不形于色 • 刻意控制情绪的表达 • 很少谈论自己的情绪 • 避免情绪的剧烈变化 • 不容易被激怒 • 认为情绪化不是好的问题处理方式 • 以自己的情绪控制为荣
高分风险	对情绪的刻意控制能够避免情绪波动给自己和他人带来的负面影响，但如果毫不表露自己的情绪感受，也可能会让他人无法准确理解自己的立场和感受	
低分风险	过低的情绪稳定性可能会给人不成熟的印象，特别是面临人际冲突或矛盾时，总是不加掩饰地表达自己的情绪感受，可能会激化矛盾，不利于问题的解决	

附表 4　思维部分第 4 项：忧虑性

思维 -4- 忧虑性		
对事情可能出现意外和风险的忧虑		
	低　分	高　分
内涵	忽略事情的难度和风险，即使面临重大事情，也会平静应对	经常看到事情的风险，担心事情会出错，小心防患意外和风险
典型行为	• 在面对具体任务时忽略可能的风险 • 即使面临重大事情也觉得无须充分准备 • 经常采取“兵来将挡，水来土掩”的应对策略 • 通常是“随机应变”者 • 面对重要活动也不担心出错	• 充分准备，防患未然 • 对很多即将处理的事情感到担心 • 预想可能出现的各种问题 • 采取行动提前排除所有可能的风险 • 通常是“防微杜渐”者 • 对准备不足、随机应变的做事方式感到焦躁
高分风险	高忧虑性有助于识别事情的潜在风险，并提前做好应对防范的举措，但对风险的过度关注，也可能导致不愿意放手一搏，或为不必要的事情而过分担忧，产生较大的内在压力	
低分风险	忽视对事情风险的提前防范，依靠随机应变来解决现场产生的意外，可能会由于对风险考虑不足而准备不周，无法有效解决问题或达成预期目标	

附表 5　思维部分第 5 项：灵活性

思维 -5- 灵活性		
调整自己的言行以适应不同环境的程度		
	低　分	高　分
内涵	不因外在环境的不同而调整自己的行为，保持自己一贯的风格	灵活调整自己的言行以适应不同的环境，容易改变自己的行为
典型行为	• 以相同的方式应对不同的场景 • 不太会主动地改变自己以迎合他人 • 保持自己行为的一致性 • 不受环境的影响而改变自己 • 言行不容易受他人影响 • 比较像“特型演员”	• 容易做出改变 • 根据不同环境调整自己的做事风格 • 容易接受不同的观点 • 表现出“见人说人话，见鬼说鬼话”的灵活性 • 具有多样化的行为表现方式 • “戏路”比较宽
高分风险	完全根据环境的要求来调整自己的行为方式和观点想法，在处理一些涉及原则性的问题时，可能会让人觉得过于圆滑，没有自己的特点或者立场	
低分风险	总是保持自己固有的行为习惯和思维方式，不因外部环境的不同而改变自己，在不断变化的外部环境要求下，个人可能显得比较固执，难以快速融入不同的环境	

附表 6　思维部分第 6 项：分析性

思维 -6- 分析性		
基于对数据和事实的分析来做判断的倾向		
	低　分	高　分
内涵	依靠自己的感觉和直觉进行分析，避免处理数据统计分析的事情	喜欢处理与数据相关的问题，根据对事实和数据的分析来做判断
典型行为	• 依靠总体的感觉和直觉来分析问题 • 不喜欢处理与数字相关的事情 • 跳跃的思考 • 对数据不"感冒" • 表现为艺术的和感性的 • 认为"数据并不能说明一切"	• 喜欢统计分析数字信息以发现问题 • 采取逻辑推理的思考方式 • 对数据敏感 • 喜欢算账 • 热衷于数字表格 • 期望用数据来量化分析一切，强调数据导向
高分风险	对数据和事实的敏感有助于通过客观的分析发现事物的规律，但过于依赖对数据的分析，可能导致忽略其他非理性的因素，或将过多精力放在数字细节上，导致决策较慢或不正确	
低分风险	依赖感觉的判断在复杂和多变的情境中也有其效用，但对于需要根据事实和数据进行分析才能找到问题或问题解决办法的任务，可能会脱离实际事实	

附表 7　思维部分第 7 项：理论性

思维 -7- 理论性		
采用结构化的方法思考抽象概念和理论的倾向		
	低　分	高　分
内涵	喜欢处理具体实在的问题，而不是脱离实际的抽象的理论和概念	喜欢从事情中提炼规律，对思考抽象的理论和概念很感兴趣
典型行为	• 对于抽象的概念和理论没兴趣 • 更多按照实践经验而非抽象理论来做事 • 对具体的挑战感兴趣 • 被事情的"亮点"而非框架所吸引 • 比起抽象思考更喜欢"解决问题" • 采取"形而下"的思考方式	• 结构化地考虑问题 • 抽象地思考事情的规律或趋势 • 喜欢经常性地总结 • 被"体系"所吸引 • 对研究理论 / 概念感兴趣 • 喜欢结构对仗工整的文字，如对联 • 采取"形而上"的思考方式
高分风险	特别关注考虑问题的一般性规律或理论模型，在解决归纳概括性的任务时具有优势，但这种系统性的思维方式在展现问题的重点或聚焦具体问题的核心时，往往不够简单直接	
低分风险	对抽象的概念或理论缺乏兴趣，更多关心具体问题的解决，可能忽视众多问题中存在的共性规律和原则，难以从更系统的角度思考所处理的问题，容易陷入具体表象当中	

附表 8 思维部分第 8 项：严谨性

<table>
<tr><th colspan="3">思维 -8- 严谨性</th></tr>
<tr><td colspan="3">对细节性事务的喜好程度</td></tr>
<tr><td></td><td>低 分</td><td>高 分</td></tr>
<tr><td>内涵</td><td>不拘于小节，讨厌琐碎的事情，不愿意花时间排查细节性的问题</td><td>非常关注细节，对细小之处敏感，做事严谨，避免可能的错误</td></tr>
<tr><td>典型行为</td><td>• 不拘小节，关注宏观
• 不太关注工作中的细节
• 愿意让他人来处理细节工作
• 讨厌琐碎的工作
• 很有可能在细节上犯错
• 在处理细节性的工作时需要较多的心理调整准备
• 偶尔也会收拾自己的桌面</td><td>• 非常关注细节和条理
• 倾向于自己掌控细节
• 细节之处秩序井然
• 不排斥琐碎细节的工作
• 考虑到每个细节
• 很少在细节上犯错
• 通常有干净整洁的桌面</td></tr>
<tr><td>高分风险</td><td colspan="2">非常关注问题的条理和细节，避免细节上可能的错误，但也可能因为把大部分的时间和精力都放在了细节上，而对宏观和整体的关注不足</td></tr>
<tr><td>低分风险</td><td colspan="2">对问题的细节关注较少，在处理细节性的任务时没有耐心，可能因为细节上的疏忽而产生错误，对于处理一些细节要求较高或比较琐碎的事情存在风险</td></tr>
</table>

附表 9 思维部分第 9 项：果断性

<table>
<tr><th colspan="3">思维 -9- 果断性</th></tr>
<tr><td colspan="3">做决策需要掌握的信息充分程度及速度</td></tr>
<tr><td></td><td>低 分</td><td>高 分</td></tr>
<tr><td>内涵</td><td>掌握完整的信息后才容易做出判断和决策，不求果断和迅速</td><td>快速果断地做出判断和决策，即使信息不全也不会过多犹豫</td></tr>
<tr><td>典型行为</td><td>• 做决策时思前想后顾虑较多
• 需要信息完整才能决策
• 希望从各方面进行评估，找到不会反悔的最优解
• 可能会拖延不做决策，或者让别人来决策
• 购物速度慢，经常货比多家
• 认为“快不一定就好”</td><td>• 做决策非常快
• 即使没有足够信息也能决策
• 认为错误的决策比不决策要好
• 不需要太多信息来辅助判断
• 面对事情很少犹豫不决，“说风就是雨”
• 购物速度快，常常是“极速剁手党”</td></tr>
<tr><td>高分风险</td><td colspan="2">快速果断的决策虽然具有高时效性，但也很可能因为信息掌握不充分，导致判断比较草率，对问题的分析和可能的影响考虑不足，可能会做出错误的决定</td></tr>
<tr><td>低分风险</td><td colspan="2">在充分的信息收集和分析基础之上做决策的习惯有助于减少决策失误，但在环境快速变化，或不可能完全掌握所需的信息时，可能会导致决策延误而错失良机</td></tr>
</table>

附表 10　思维部分第 10 项：批判性

思维 -10- 批判性		
质疑和否定他人观点的程度		
	低　分	高　分
内涵	相信权威人物的观点，倾向于认同他人而不是刨根问底寻找错误	以质疑的态度来看待任何论证或观点，喜欢辨别事情的本质和真相
典型行为	• 相信而不是质疑权威 • 第一反应是认同 • 不喜欢刨根问底问个没完 • 不会刻意思考他人观点的对错 • 容易沟通，不挑刺 • 更喜欢认可而不是否定他人	• 不会轻易相信权威 • 第一反应是否定 • 持有质疑的态度来看问题 • 喜欢探究问题的根本 • 容易找到事情的破绽 • 喜欢说"不是""不对" • 从鸡蛋里挑出骨头来
高分风险	批判性地考虑问题，倾向于质疑所有人的所有观点，当比较直接地表明自己的质疑时，往往会侵犯他人的安全感，导致产生排斥或敌意，被认为是故意找碴	
低分风险	相信权威，非常容易受到看似正确的错误观点的影响，不愿深入探究问题的本质，可能基于问题的表面现象做出错误的决定，或采取无效的行动	

附表 11　思维部分第 11 项：创新性

思维 -11- 创新性		
打破传统追求新颖方法的倾向		
	低　分	高　分
内涵	遵循传统，沿用既有可靠的方式方法，保守行事以避免风险	打破传统，思考更有效率的、新颖的、原创性的解决方法
典型行为	• 注重问题解决方法的稳定可靠性 • 沿用自己熟悉的方式 • 对当前方法的效率感到满意 • 避免新方法带来的新问题 • 注重传承多于革新 • 也会接受没有风险的、被验证为可靠的新方法	• 不满足于既有的做事效率 • 不喜欢传统的方法 • 倾向于用新的方法工具来做事 • 看到问题的可改进点 • 注重革新多于传承 • 愿意承担创新带来的风险
高分风险	思考创新的做事方式有助于适应不断变化的外部环境，但如果总是在考虑创新方法，而不注重稳定性和可靠性的延续，对于某些工作或任务，短期内可能会加大出错的风险	
低分风险	遵循传统做法在短期内会减少出错的概率，但风险在于难以持续提升做事的效率，因此对于一些经常面临环境变化的工作或任务，具有较大挑战	

附表 12　思维部分第 12 项：前瞻性

思维 -12- 前瞻性		
对目标和问题关注的长远程度		
	低　分	高　分
内涵	注重解决当前的问题，实现短期可达成的目标，不愿考虑太过长远的事情	关注长远的目标，着眼于未来，以长期目标为导向制定计划策略
典型行为	• 关注当前的目标和行动 • 立足当前考虑问题 • 较少为“虚无缥缈”的未来所吸引 • 做短期的规划，讲求实际 • 解决当前切实的问题 • 关心可以实现的目标	• 被未来的愿景所吸引 • 为了长远目标放弃当前利益 • 以长期目标为导向采取行动 • 喜欢畅想未来，做长期规划 • 为他人和自己画大饼 • 认为关注眼前是短视的表现
高分风险	对长远目标和未来利益的关注有助于未来持续的发展，但如果一味考虑长远而不顾当前，也可能会导致发展脱离现实，不能兼顾眼前的目标	
低分风险	立足当前的目标和回报，聚焦解决当前的问题，可能为了短期利益而放弃长远目标，缺乏对未来的思考，导致无法实现长期和可持续的发展	

附表 13　思维部分第 13 项：好奇心

思维 -13- 好奇心		
对重复性和多样化的忍耐程度和倾向		
	低　分	高　分
内涵	不会对太多新事物感兴趣，愿意从事较为重复的事情而不会觉得厌烦	对新的事物感兴趣，喜欢探索新的领域，追求变化和多样性
典型行为	• 容忍接受重复性的工作任务，不感到厌烦 • 喜欢做自己熟练的事情 • 对新事物并不兴奋 • 专注自己感兴趣的某一个领域 • 做事容易“喜旧厌新” • 兴趣爱好比较持续稳定	• 不能忍受重复性的工作任务 • 创造机会接触不同的事物 • 追求新鲜感，喜欢新的体验不断研究新的东西 • 对熟悉的事情感到厌烦 • 对很多领域的事物感兴趣，兴趣爱好比较广泛 • 做事容易“喜新厌旧”
高分风险	强烈的好奇心会驱使自己不断追求新奇多样的事物，并对重复和例行的任务感到乏味，因此可能难以长时间地专注在某一固定领域，表现为爱好广泛、浅尝辄止	
低分风险	把注意力集中在自己所关注的少数领域，不排斥重复的事情，虽然有助于聚焦和深入，但个人视野和能力的横向发展会受到限制，难以从不同的事情中得到启发	

附表 14　人际部分第 1 项：关怀性

人际 -1- 关怀性		
享受关心和帮助他人的过程的程度		
	低　分	高　分
内涵	倾向于公事公办，不愿过多干涉别人的事情，有选择性地展现同情心	关心他人的处境和困难，乐意为他人提供力所能及的帮助
典型行为	• 倾向于公事公办 • 不想干涉他人的事情 • 认为自己应当解决自己的问题 • 尽量避免私人话题 • 有选择性地展现同情心 • 助人并非乐趣，而是出于义务或责任	• 关心他人的处境和困难 • 倾向于打破公私界限 • 热情地帮助他人 • 站在他人的立场，为他人着想 • 在帮助人时感到快乐 • 兴趣使然，享受帮助人的过程
高分风险	在人际上没有清晰的界限，总是为他人的感受着想，把帮助他人当成乐趣所在，因为人际上过度展现的同情心，可能会消耗过多不必要的精力，或无法做到公私分明	
低分风险	具有非常清晰的人际界限，采取公事公办的态度对待他人的需求，可能会忽视团队或周围他人的个人情况，难以建立同他人紧密的关系，导致不能有效赢得他人的信任和支持	

附表 15　人际部分第 2 项：活跃性

人际 -2- 活跃性		
在人群中表现活跃成为大家瞩目焦点的程度		
	低　分	高　分
内涵	在人群中表现沉默，倾听多于谈论，不喜欢成为大众瞩目的焦点	在人群中表现活跃，非常健谈并引人关注，喜欢成为大众瞩目的焦点
典型行为	• 在团队中表现沉默 • 人际交流上相对被动，等待交流 • 一般情况话不多 • 活动的受邀参与者 • 不想站在 C 位（中心位），不想被聚光灯聚焦	• 成为大家注意的焦点 • 在团队中很活跃 • 活动的组织发起者 • 经常是站在 C 位（中心位）的人 • 总是可以找到聊天的话题 • 很少沉默不语
高分风险	积极活跃的表现有助于充分展现自己，增加人际交往的机会，但在一些情况下，也可能会因为过度活跃而占用其他人表现自己的机会，或引起他人的厌恶	
低分风险	人际上表现得低调内敛、不引人注意，虽然不会因为太出风头而令人厌恶，但也可能会失去一些人际交往的机会，导致自己不被他人了解或不能快速有效地增进彼此的关系	

附表 16 人际部分第 3 项：敏感性

人际 -3- 敏感性		
自主分析他人的立场、意图和特点的倾向		
	低　分	高　分
内涵	忽视他人的立场和意图，不愿意分析探索他人的真实想法或诉求	喜欢分析他人的立场和意图，探索他人的真实想法或诉求
典型行为	• 很少对他人的内心想法感兴趣 • 感到分析他人的想法和意图是无趣的 • 认为人们应该直接表明自己的需求，而不是让自己去猜 • 在要求下思考分析他人 • 忽略他人的“言外之意”	• 对探究他人的内心想法很感兴趣 • 体会他人的感受，分析别人做事的动机和特点 • 预测他人的行为方向 • 经常思考别人的“言外之意” • 主动思考分析他人，喜欢揣摩他人
高分风险	倾向于全面理解他人的特点和意图，可能会导致将过多精力放在分析他人上，考虑了本不重要的一些人际因素，或者对他人的内心活动演绎过多	
低分风险	对他人特点和意图缺少深入分析，可能导致不能基于对他人的了解做出判断或采取行为，在解决人的问题时不能抓住重点，缺少针对性，难以处理复杂的人际关系	

附表 17 人际部分第 4 项：坦率性

人际 -4- 坦率性		
直截了当指出错误表达不同观点的倾向		
	低　分	高　分
内涵	隐藏自己的真实想法，或以非常委婉的方式表达自己的不同意见	不会刻意掩盖自己的真实想法，直接表明自己的不同看法
典型行为	• 委婉地表达自己的看法 • 不会把话说完、讲透 • 说的不一定是所有心里所想的 • 对不同观点持保留意见，但不会直接反驳 • 看到他人的错误，除非感到安全，否则会避免直接指出 • 经常隐瞒自己的真实想法	• 心里想什么就说什么 • 不掩盖自己的想法 • 面对不同意见也愿意直接表达自己相反的看法 • 直接指出别人可能的错误 • 知无不言，言无不尽 • 让别人知道自己的想法
高分风险	在缺乏安全的沟通氛围，或对方不了解自己的沟通风格时，过于坦率地指出他人的错误，或表明自己的不同看法，可能会伤害他人的自尊，导致他人的抵触或冲突	
低分风险	避免公开或直接谈论自己的不同意见，会减少他人了解自己真实想法的机会，在需要指出问题或有效地达成共识时，会由于表述太委婉而导致沟通不畅	

附表 18　人际部分第 5 项：信任性

人际 -5- 信任性		
相信他人意图向好的程度		
	低　分	高　分
内涵	警惕性高，怀疑别人做事的意图，以保护自己，避免被他人利用	认为人性本善，相信他人是诚实可靠的，极少怀疑他人做事的动机
典型行为	• 比较相信“人性本恶” • 怀疑他人做事的动机或意图 • 经过较长时间了解才会信任他人 • 不会没有根据地相信他人 • 注重自我保护，以免被他人利用 • 在陌生环境中警惕性高，防范意识强	• 比较相信“人性本善” • 认为他人是诚实可靠的 • 较少怀疑他人会利用自己 • 自我保护意识较弱 • 觉得“好人比坏人多” • 相信他人说的话没有不良的意图 • 在陌生环境中也会建设性地看待他人
高分风险	主动信任他人有助于赢得他人对自己的信任，但不加区分的信任可能会增加上当受骗和被利用的风险，遭受重大损失，也可能因为过度信任而体验到对他人的强烈失望	
低分风险	对他人保持高度的警惕，可以起到自我保护的作用，但总是怀疑他人的动机和意图，可能会导致在人际互动中显得刻意的疏远，难以同他人建立起长期的信任关系	

附表 19　人际部分第 6 项：影响性

人际 -6- 影响性		
说服和影响他人的倾向		
	低　分	高　分
内涵	对改变他人的想法没有太强烈的兴趣，不喜欢说服和谈判的事情	推销自己的观点以改变他人的想法，享受谈判和说服的事情
典型行为	• 言语精贵，不愿费口舌 • 对谈判或说服他人的事情不感兴趣 • 认为自己的优势不在于说服他人 • 认为推销是困难的事情 • 常常秉持“爱听不听，不爱听拉倒”的观念 • 不想说服他人，改变他人想法	• 喜欢推销自己的观点或理念 • 对改变他人的想法感到高兴 • 擅长说服他人 • 享受谈判的工作 • 自我感觉有“三寸不烂之舌” • 在特定的主题上口若悬河
高分风险	在说服和影响他人方面有非常强烈的意愿，可能会导致在沟通中对他人的倾听较少，不能抓住对方的关注点，或让对方觉得并没有得到真正的理解，从而无法达成影响的目的	
低分风险	不喜欢花太多时间和精力来说服他人，在需要弥合多方不同意见，改变他人的想法的场景中，低影响性可能会导致不能有效地传递自己的想法，他人不能充分认同自己的观点	

附表 20　人际部分第 7 项：支配性

人际 -7- 支配性		
主动采取领导行为的倾向		
	低　分	高　分
内涵	低姿态的行为作风，不喜欢指示或命令他人，不强求他人服从自己	强势的行为作风，期望他人按照自己的指示行动，成为团队的主导者
典型行为	• 让其他人来控制局面 • 不喜欢表现得太强势 • 对主导团队没有强烈需求 • 在团队中的姿态放得比较低 • 不强求他人按照自己的意志来采取行动 • 他人不服从自己也不会感到特别难受	• 喜欢带领他人或团队的感觉 • 期望成为团队中的主导者 • 乐于组织他人一起工作 • 在团队中喜欢“发号施令” • 希望自己的意志得到体现 • 对“不服从”感到难受
高分风险	高支配性会在人际中表现出强势的行为作风，如果不能充分证明自己的正确性，或赢得大家的信任，常常会让人产生被胁迫感，因而引起抵抗和不合作	
低分风险	不喜欢在团队中表现出领导者的姿态，在面临意见冲突和分歧时，不会强势坚持贯彻自己的想法，对于需要领导他人或强势推动的任务，会有比较大的挑战	

附表 21　人际部分第 8 项：自在性

人际 -8- 自在性		
参与社交活动时感受的自在程度		
	低　分	高　分
内涵	在社交中感到无所适从，担心自己的言行不当，容易感到拘谨和不安	在各种社交场合中感到轻松自在，不会过度关注自己的言行是否得当
典型行为	• 在陌生的人面前感到不自在 • 在一些社交场合会感到尴尬 • 在结交新朋友时不太自信 • 社交场合中感到紧张 • 在人群中容易害羞 • 逃避陌生人际关系 • 在人际关系建立上是“慢热型”	• 自在地与陌生人相处 • 自信地结交新朋友 • 泰然自若地在社交场合中展现自己 • 不会担心自己是否言行得当 • 社交场合中感到自在 • 让人感觉是“自来熟”
高分风险	非常自在地参与各种社交活动，表现出极强的人际自信，但这种人际上的自来熟，对于某些性格特点的人会显得过于热情，让人感觉关系建立过于迅速而导致刻意的疏远	
低分风险	对各种社交活动尤其是与陌生人的交往缺乏自信和兴趣，会因此回避一些关系建立的场景，因此在人际关系的开拓和维护上存在较大挑战	

附表 22　人际部分第 9 项：独立性

人际 -9- 独立性		
不顾外在反对坚持己见的独立倾向		
	低　分	高　分
内涵	接受他人的要求和建议，愿意听从外界的要求，放弃自己的想法	不依赖他人，按照自己的想法做事，不受外在要求的束缚
典型行为	• 即使意见不同，也愿意接受团队 / 他人的建议 • 就算是自己觉得对的事，也不想逆向而行 • 愿意听从他人的要求 • 可以在他人的干涉 / 命令下正常采取行动 • 更愿意“走大家都认同的路”	• 坚持自己的想法或做事方式 • 不喜欢被他人命令 / 指使 • 面临反对意见也会坚持自己认为正确的事 • 不愿意被他人约束 • 不依赖他人的建议 • 秉持“走自己的路，让别人去说吧”的信念
高分风险	非常独立的行事风格，期望完全按照自己的方式来做事，保持想法的独立，不喜欢被他人干预，因此可能过于固执，听不进他人的建议，在他人强势的干预下容易产生冲突	
低分风险	遵从多数人的建议或要求，在他人的干预下放弃自己原有的想法或方法，有时可能会放弃原本正确的观点或方法，特别是在外部否定意见较大时不能坚持正确的事情	

附表 23　人际部分第 10 项：乐群性

人际 -10- 乐群性		
享受有人作伴还是自我独处的倾向		
	低　分	高　分
内涵	享受自己一个人独处，就算没有他人的陪伴也不会觉得孤单	喜欢有他人的陪伴，不喜欢独处，自己一人时容易感到孤独
典型行为	• 享受独自一人的时光 • 没有人来打扰觉得更舒心 • 有朋友，但不需经常往来相伴 • 喜欢做独行侠 • 长时间的独处，也不觉得难受 • 喜欢自己一个人做事情 • 很少有孤独感	• 喜欢有他人的陪伴 • 不喜欢独处 • 自己一人时容易感到孤独 • 经常和朋友们玩耍 • 不想独来独往 • 长时间不见朋友，就会觉得内心煎熬不舒服
高分风险	太高的乐群性通常无法忍受独处，更喜欢凑热闹，希望周围总是有人陪伴，因此对于一些需要独自一人解决的任务，会因为强烈的孤独感而存在较大挑战	
低分风险	享受一个人独处的状态，有助于个人处理一些需要独自一人解决的任务，但长期独处也可能造成脱离团队或人群，与他人的交往变少，不利于增进人际了解、信任和合作	

附表 24 人际部分第 11 项：民主性

人际 -11- 民主性		
广泛听取不同人的建议和观点的内在需求程度		
	低 分	高 分
内涵	一般情况下不愿意征询他人的意见和想法，喜欢自己做决定	期望大家参与表达看法，广泛征求他人的意见，避免独自做决定
典型行为	• 不喜欢咨询他人的意见 • 常常被认为是独裁的决策方式 • 不愿意卷入太多人参与决策 • 认为个人决策质量会高于团队决策 • 必要时也会走走过场，询问他人的意见 • 认为决策无须体现所有人的想法	• 采取民主的方式做决定 • 希望决策能体现大家的想法 • 担心独自做出的决策不被认可 • 喜欢听取不同人的意见再下判断 • 相信集体决策的质量最高 • 经常与人磋商以做出判断
高分风险	广泛地争取他人的意见，避免独自决策可能产生的失误或不被认同，但听取过多意见也可能无法达成共识，并且反映所有人想法的决策质量也不一定高，还会降低决策的速度	
低分风险	征询少数人的意见或独自做出判断，利于快速做出决策，以应对外在快速变化的环境，但可能的风险在于难以获得广泛的支持，或考虑不够周全而导致决策质量差	

附表 25 人际部分第 12 项：归属性

人际 -12- 归属性		
对团队认同和接纳的需求程度		
	低 分	高 分
内涵	容易接受没有团队支持的氛围，不需要他人的接纳和认同	注重团队归属感，期望获得团队的身份认同，愿意同团队一起作战
典型行为	• 不是特别在乎所在团队是否团结 • 团队归属不是最重要的内心需求 • 即使是单打独斗无人支持也无所谓 • 没有他人的接纳和认同也可以正常做自己的事情 • 不太在乎团队中的其他人如何看待自己	• 期望自己是某个团队的一员 • 喜欢团队作战 • 为了被团队接纳和认同而努力 • 团队归属感是重要的内心需求 • 花费大量时间和精力融入团队 • 在乎别人如何看待自己
高分风险	对团队归属感的需求很强烈，希望把自己当成某个团队中的一员来寻求身份的认同，一旦团队的凝聚力和相互支持达不到自己的期望，则有可能会产生严重的失落感	
低分风险	对团队接纳和他人认同的内在需求较少，对自我的身份认同不需要建立在团队归属上，可能会因为不重视而无法获取他人的认同，在遇到挑战或困境时，缺乏紧密的后援支持	

附表 26　人际部分第 13 项：公正性

人际 -13- 公正性		
在处理事情时对公正和效率的取舍和坚持程度		
	低　分	高　分
内涵	对不公平有较强的忍耐性，更加注重效率和少部分人的感受	看重并维持公平公正，在处理事情时坚持公平公正优先的原则
典型行为	• 宁愿牺牲公正以维护效率 • 不太在意是否每个人都被公平对待 • 能够容忍不完全的公平 • 不认为社会是绝对公平的 • 能够接受一些不公平的方案	• 宁愿牺牲一些效率，也要维持公正 • 为自己或他人反抗不公的待遇 • 相信公平和正义 • 认为社会比较公平 • 不能接受不公平的方案
高分风险	任何事情都难以做到绝对的公平公正，过高的公正性一方面可能会降低对效率的关注，另一方面也会因为无法照顾所有人的需求而难以决断	
低分风险	能够容忍不够公平公正的做法，虽然短期内可以比较有效率，或避免因为被不公正的对待而产生的冲突，但很有可能导致难以长期有效地合作	

附表 27　意志部分第 1 项：勇气性

意志 -1- 勇气性		
直面冲突和挑战的勇气程度		
	低　分	高　分
内涵	在冲突和挑战下表现柔弱，担心得罪他人，不敢采取强有力的行动	做事富有勇气，不怕得罪人，即使不受人欢迎也敢于采取行动
典型行为	• 担心不被人喜欢 • 避免去做有风险的事情 • 认为自己并不是胆大的人 • 害怕人际关系的破裂 • 避免直接的冲突 • 不好意思拒绝他人	• 不担心被人讨厌 • 不怕直接的冲突 • 形容自己是敢作敢为的 • 做事大胆 • 不担心人际关系破裂 • 直接拒绝他人
高分风险	做事非常大胆，不怕得罪人，敢于直接面临人际冲突，或拒绝他人的不合理请求，这种直面冲突的倾向可能会让周围的人感觉铁面无情，造成人际关系上的误解或敌意	
低分风险	面临挑战和冲突时容易表现出忐忑不安，非常担心与他人产生矛盾，不愿意直接拒绝他人，这种回避冲突的倾向最终可能会导致问题变得严重，不能坚持原则和立场	

附表 28　意志部分第 2 项：抱负性

意志 -2- 抱负性		
对挑战性事业目标的渴望程度		
	低　分	高　分
内涵	对现状感到满意，为自己设置可以达成的目标，而不是野心勃勃的目标	对自己有非常高的期望，事业心强，为自己设置极具挑战的目标
典型行为	• 设定容易达成的更加现实的目标 • 把工作当作生活的一部分而非全部 • 不会刻意地挑战自己 • 并不以事业成功作为标准来衡量自己 • 对现状容易感到满意知足	• 对自己有非常高的期望 • 为自己设定挑战性的目标 • 表现得雄心勃勃 • 注重自己的事业发展 • 超越他人对自己的期望 • 期望取得卓越的成就
高分风险	有很强的事业进取心，为自己树立挑战性的目标，但如果没有脚踏实地的态度和行之有效的方法，则可能会因为达不到目标而感到非常痛苦，甚至采取冒险的行动	
低分风险	内心有较强的安全感，对现状感到满意，但如果所从事的工作或任务挑战性高，或需要不断提升要求和标准，则可能会因为内在缺乏驱动力而变得被动，无法达到期望	

附表 29　意志部分第 3 项：规则性

意志 -3- 规则性		
在明确指引下采取符合规范行动的倾向		
	低　分	高　分
内涵	打破规则，不受外在条条框框的束缚，崇尚随心所欲地行动	严守规则和流程，喜欢在明确的指引下采取符合规范的行动
典型行为	• 在需要时会打破规则 • 并不强求别人遵守规则 • 容忍不确定性 • 不希望被规则约束 • 常常是既有秩序的破坏者 • 在规则不阻碍目标时也会遵守规则	• 在规则框架内做事 • 维护规则，要求他人遵从规则 • 不喜欢不确定性 • 在规则指引下采取行动 • 用制度来约束人 • 喜欢守规矩的人
高分风险	严格按照标准和规则做事，适应具有固定流程和标准的工作或任务，但如果处在快速变化的环境中，当任务的解决很难依靠固定的流程时，则会因为规则流程的缺乏而无从入手	
低分风险	非常倾向于打破既有的规则，认为规则可以根据需求灵活地执行，对于流程和规范要求高的工作或任务，随意打破规则的做法可能导致出现故障或风险	

附表 30　意志部分第 4 项：好胜性

意志 -4- 好胜性		
喜欢参与竞争超越他人的程度		
	低　分	高　分
内涵	不喜欢与人竞争或比较，注重参与的过程，并非一定要胜过他人	享受与别人的竞争和对抗，希望超越他人，赢得竞争的胜利
典型行为	• 避免和他人的直接对抗、比较或竞争 • 注重参与而非一定要赢 • 不太在乎别人做得比自己更好 • 不争	• 喜欢竞争和超越他人 • 乐于参加竞争和对抗的活动 • 不愿意落后他人 • 一旦参与就力求获胜 • 动力来源于比较
高分风险	参与竞争和超越他人的内在驱动力非常强，在团队中容易表现出攻击性，太注重竞争而忽略了合作，可能导致在团队合作方面存在挑战，无法为他人提供支持和帮助	
低分风险	不喜欢直接的竞争和对抗，不以超越他人作为自己的目标，在需要同他人展开面对面的竞争时，内心会体验到不愉快而回避或放弃，影响到最终结果的达成	

附表 31　意志部分第 5 项：精力性

意志 -5- 精力性		
精力充沛的程度		
	低　分	高　分
内涵	不喜欢承受太多的负担，喜欢从容悠闲地处理手头的事情	享受充实忙碌的状态，愿意做很多事情，显示出充沛的精力
典型行为	• 不喜欢过多的工作量 • 喜欢从容地做事 • 避免繁忙 • 容易疲倦，需要充分的休息 • 享受悠闲和慢节奏 • 不愿意承受太大负担	• 喜欢繁忙充实的感觉 • 在有大量的事情可做时最高兴 • 精力很旺盛 • 喜欢快节奏 • 不需要太多休息 • 有的甚至喜欢加班
高分风险	精力旺盛期望充实的生活方式，在带领团队或与他人合作时，可能会对他人的精力投入要求很高，当他人无法像自己一样精力充沛时会感到失望，或因为缺乏足够的主动休息而导致身体变差	
低分风险	注重生活的平衡，需要充分的休息才能恢复精力，对于需要投入大量时间的工作或任务，容易感到精力不足，在需要处理的事情太多时，往往会感到疲惫和厌倦	

附表32　意志部分第6项：责任性

意志-6-责任性		
遵守计划达成目标的严格程度		
	低　分	高　分
内涵	有弹性地执行计划，接受计划时间的拖延和预期成果的折中	严格遵守计划和安排，确保如期按照要求完成任务，履行承诺
典型行为	• 有弹性地执行任务 • 在遵守计划时比较随意 • 容易对目标妥协或折中 • 经常会有“拖延症” • 承诺的比达成的多 • 兴奋点并非目标和终点 • 时常忘记一些不太重要的事情	• 坚决按照时间要求达成目标 • 确保达成自己做出的承诺 • 对所做的事情负责到底 • 不轻易承诺 • 尽全力完成承诺的事情 • 说到做到
高分风险	要求自己说到做到，履行承诺，按照要求达成预定的目标，但也有一定风险会导致不懂变通，不能有效平衡效率和成本，或给自己和他人施加太大压力	
低分风险	不太关注具体任务目标的达成，采取比较灵活和可折中的态度来对待任务计划，因而常常不能履行自己的承诺，可能的风险在于失去他人的信任，或不能达到预期的目标	

附表33　意志部分第7项：谦虚性

意志-7-谦虚性		
主动展示自己的成就或优势的倾向		
	低　分	高　分
内涵	对自己的成就或优势感到满意，主动向他人展现自我、表扬自己	保持谦虚的行为习惯，避免炫耀或满足于自己取得的成就和优势
典型行为	• 乐于分享自己的成功经验 • 对自己的成就或优势感到满意 • 让他人知道自己的成就或优势 • 有时不太谦虚 • 主动地表扬自己 • 总是能找到自我表扬的话题	• 避免主动谈及自己的成功或优势 • 谦虚地向他人请教 • 不夸大自己的优势或贡献 • 不太会主动表扬自己 • 看到别人更加出众 • 很少炫耀自己
高分风险	不主动炫耀自己的优势和成就，令人感觉容易相信，但过度的谦虚和低姿态可能导致在说服和影响他人，或需要证明自己实力时，难以让对方快速了解自己的优势	
低分风险	通过主动展示自己的优势和成就，在快速说服影响他人和建立个人权威方面有一定帮助，但如果不分场合地不谦虚，也可能导致被评价为自大和浮夸，因而难以赢得他人信任	

附表 34　意志部分第 8 项：成长性

意志 -8- 成长性		
喜欢刻意学习来提升自己的倾向		
	低　分	高　分
内涵	不注重刻意的学习，喜欢按照自己的方式探索和积累经验	重视持续的学习和进步，通过刻意的学习和锻炼来提升自己
典型行为	• 不会把刻意的学习当成是优先任务 • 对学习本身并没有太强烈的兴趣 • 解决问题的需求才是个人最大的学习动力 • 认为学习只是一种过程和手段 • 对目标结果的期望超过对能力成长的期望	• 非常注重自己的学习和成长 • 把自己定义为一个学习者 • 为自己制订明确的学习计划 • 学习本身就是享受 • 热衷于学习考证 • 学习本身就是动力
高分风险	非常关注个人的学习和成长，但也可能存在为了学习而学习的情况，如果缺乏一定的目标性，只是把学习当成乐趣，则可能会导致能力的成长没有方向	
低分风险	不太刻意地追求个人能力的成长，个人可能会缺乏有效的计划和行动来持续提升自身的能力，在面临需要持续更新知识能力的工作或任务时，可能无法处理新的挑战	

附表 35　意志部分第 9 项：效能性

意志 -9- 效能性		
对把事情做好的自信程度		
	低　分	高　分
内涵	怀疑自己能否把事情做好，倾向于持有“我不太行”的想法	对自己的能力有信心，相信自己能把事情做好，有“我能行”的信念
典型行为	• 对自己的能力缺乏信心 • 不相信自己能够改变什么 • 认为自己缺乏足够的成功经历 • 在自己领域内有信心 • 对一些没做过的事情没有十足把握 • 倾向于低估自己的能力	• 对自己的能力很有信心 • 相信自己能够把事情做好 • 不担心接受挑战 • 认为自己做过很多成功的事情 • 对自己领域之外的事物也有信心 • 倾向于高估自己的能力
高分风险	对自我能力的评价很高，但也有可能表现为自大，即对自身的能力过分的自信，可能会导致做出超出自身能力范围的承诺，或高估自己做事的效率	
低分风险	对自己的能力缺乏信心，不相信自己能把事情做得很好，可能存在低估自己的可能，需要较多的准备才能建立信心，导致不敢接受独自挑战性的任务	

附表 36 意志部分第 10 项：自律性

意志 -10- 自律性		
对自我的约束和控制的程度		
	低 分	高 分
内涵	按兴趣做事，容易被更有趣的事情吸引，不会过强地约束自己	对自己的行为有较强的控制力，能经受住眼前的诱惑保持专注
典型行为	• 控制不住自己而放任自己 • 难以忍受外在诱惑而分心 • 不会主动约束自己 • 习惯在不同的事情间来回切换 • 不太抗干扰，容易随心所欲 • 通常与体重负相关 • “能抵抗一切，除了诱惑”	• 总是保持自律和专注 • 不容易被外在因素所分心 • 对自己有严格的约束 • 不习惯在繁杂的事情中来回切换 • 抗外在干扰 • 容易控制约束好自己
高分风险	对自己有很强的控制力，会长时间地保持专注，不受外在因素的诱惑，但当需要同时处理多个任务时，可能难以自由切换，或在快速变化的环境中，可能会错过一些新的东西	
低分风险	放松对自己的控制和约束，难以长时间地保持专注，因为不能严格要求自己，所以容易被外在因素诱惑，对于需要长时间保持专注和自律的工作或任务有较大的风险	

附表 37 意志部分第 11 项：主动性

意志 -11- 主动性		
主动采取行动自己找事做的倾向		
	低 分	高 分
内涵	依赖外部力量的推动，避免主动发起或承担职责范围之外的事情	不依赖外部力量的推动，主动采取行动，自己给自己找事情做
典型行为	• 不想承担职责外的事情 • 依靠他人发起行动 • 需要一定的外在推动力 • 不没事找事 • 不轻易去做别人的事情 • 需要有人跟进开启任务	• 主动找事做，哪怕是别人应该做的事情 • 不依赖外部力量的推动，主动采取行动 • 很少需要他人的安排 • 不喜欢被催着做事
高分风险	不需要他人的推动主动采取行动，甚至承担一些分外的事情，如果有充足的精力和能力，且与相关方沟通充分则能产生好的效果，否则也可能导致虎头蛇尾或合作不畅	
低分风险	需要借助于外力的推动来采取行动，在需要主动发起任务、独自承担某些责任，或在职责分工尚不明确的场景中，难以主动贡献自身应有的价值	

附表 38　意志部分第 12 项：自知性

意志 -12- 自知性		
对自我的认识和反思的频率和程度		
	低　分	高　分
内涵	较少反省自己，对自己的个性特点及能力优劣势认识比较模糊	经常反思自己，对自己的优势不足、个性特点等有客观的认识
典型行为	• 较少花时间反省自己的动机和意图 • 认为不要过多地关注自己，要关注外在 • 对自己的优势和不足有比较模糊的认知 • 更喜欢改变外物，而不是自己	• 经常反省自己的内在特点、动机和意图 • 关注自己的内在多过于外在 • 认为了解自己的优势和不足，才能做得更好 • 经常评价自己，知道自己能力的极限
高分风险	频繁的自我反省并不会带来外在的风险，但这一行为本身可能表明个人缺乏坚定的内在的信念，或个人的价值观和能力倾向处在变动时期	
低分风险	较少反省自己，对自己的认识不清晰或不正确，可能会导致自我的定位模糊，不能有效地发挥自身的优势并避免可能的不足，难以快速地实现成长	

附表 39　意志部分第 13 项：坚韧性

意志 -13- 坚韧性		
面对逆境（挫折、批评、委屈、冒犯）的复原力		
	低　分	高　分
内涵	容易受批评和挫折的影响，需要较长的时间从失败中恢复斗志	不容易受批评和挫折的影响，承受失败的压力并快速恢复斗志
典型行为	• 自尊心比较强，容易感到受伤 • 对困难和挫折较为敏感 • 容易因他人的批评而泄气 • 受挫时容易意志消沉，需要较长时间恢复 • 在合作中如果不能被尊重，宁愿不合作少赚钱 • 在乎自己的面子	• “脸皮比较厚” • 不会轻易被他人所冒犯 • 经受住挫折和失败 • 承受外在压力，快速地恢复斗志 • 并非不受伤害，只是复原力更强 • 在合作中为了达成目标，可以忍受必要的委屈 • 认为面子又不能当饭吃
高分风险	面对失败和挫折保持斗志，不因他人的批评或冒犯而感到委屈，但如果这种坚持不被周围人理解，则会被认为是浪费时间精力，或加剧对自己的不尊重	
低分风险	难以从失败的挫折和被批评的委屈中恢复过来，在处理容易失败或被拒绝、被他人看不起的任务时，可能因为无法有效调整心态以长期保持内在的斗志，导致放弃而不愿意继续坚持	

禾思咨询简介

……………………*……………………

禾思咨询是一家在人才管理领域拥有广泛实践、理论创新和专业洞察的专业服务机构。十多年来，禾思咨询团队凭借丰富的经验、专业的知识和对客户业务发展的深入理解，为国内外上千家企业提供过人才管理的专业服务，帮助企业解决业务发展和战略转型中人才供给的问题。客户行业遍及互联网、IT、汽车、房地产、能源、零售、金融、机械制造、航空航天、公益等领域。

禾思咨询不断引领人才管理领域的创新。在十年前就开始推广实践“人才盘点”的理念和实践，先后出版了《人才盘点1.0》与《人才盘点2.0》系列书籍，成为人才管理工作的必备参考书。在数据信息时代，禾思咨询构建了人才大数据平台，通过人才信息数据、人才评价数据、人才发展数据的整合，形成了独特的基于企业人才全生命周期的数据管理。持续在组织管理诊断、岗位人才画像、人才梯队建设、评价发展中心、自我认知探索等方面不断研究创新，引领人才管理领域的持续进步。

禾思咨询总部设在北京，在上海、广州、深圳、杭州、天津、重庆、成都、南京、合肥等城市设有分支机构或战略合作伙伴。